人类未来的仆人 机器人

王子安◎主编

汕头大学出版社

图书在版编目（ＣＩＰ）数据

人类未来的仆人——机器人 / 王子安主编. -- 汕头
：汕头大学出版社，2012.4（2024.1重印）
　ISBN 978-7-5658-0691-9

　Ⅰ．①人… Ⅱ．①王… Ⅲ．①机器人－青年读物②机
器人－少年读物 Ⅳ．①TP242-49

中国版本图书馆CIP数据核字(2012)第057603号

人类未来的仆人——机器人

主　　编：王子安
责任编辑：胡开祥
责任技编：黄东生
封面设计：君阅天下
出版发行：汕头大学出版社
　　　　　广东省汕头市汕头大学内　邮编：515063
电　　话：0754-82904613
印　　刷：唐山楠萍印务有限公司
开　　本：710mm×1000mm　1/16
印　　张：12
字　　数：70千字
版　　次：2012年4月第1版
印　　次：2024年1月第2次印刷
定　　价：55.00元
ISBN 978-7-5658-0691-9

前　言

　　青少年是我们国家未来的栋梁，是实现中华民族伟大复兴的主力军。一直以来，党和国家的领导人对青少年的健康成长教育都非常关心。对于青少年来说，他们正处于博学求知的黄金时期。除了认真学习课本上的知识外，他们还应该广泛吸收课外的知识。青少年所具备的科学素质和他们对待科学的态度，对国家的未来将会产生深远的影响。因此，对青少年开展必要的科学普及教育是极为必要的。这不仅可以丰富他们的学习生活、增加他们的想象力和逆向思维能力，而且可以开阔他们的眼界、提高他们的知识面和创新精神。

　　《人类未来的仆人——机器人》一书从最简单的电脑与人脑的对比分析讲起，解析机器人定义、介绍机器人分类、揭秘机器人家族，最后对机器人进行简单的探究和概括，为读者简要而又尽可能详细地讲解分析了国内外机器人的起源、发展、现状以及未来。

通过阅读本书，读者可以很快对机器人这一科技领域有一个大致的了解。

本书属于"科普·教育"类读物，文字语言通俗易懂，给予读者一般性的、基础性的科学知识，其读者对象是具有一定文化知识程度与教育水平的青少年。书中采用了文学性、趣味性、科普性、艺术性、文化性相结合的语言文字与内容编排，是文化性与科学性、自然性与人文性相融合的科普读物。

此外，本书为了迎合广大青少年读者的阅读兴趣，还配有相应的图文解说与介绍，再加上简约、独具一格的版式设计，以及多元素色彩的内容编排，使本书的内容更加生动化、更有吸引力，使本来生趣盎然的知识内容变得更加新鲜亮丽，从而提高了读者在阅读时的感官效果。

尽管本书在编写过程中力求精益求精，但是由于编者水平与时间的有限、仓促，使得本书难免会存在一些不足之处，敬请广大青少年读者予以见谅，并给予批评。希望本书能够成为广大青少年读者成长的良师益友，并使青少年读者的思想能够得到一定程度上的升华。

2012年3月

C目　录
ontents

第三章　机器人家族

第四章　机器人研究

第一章

电脑与人脑

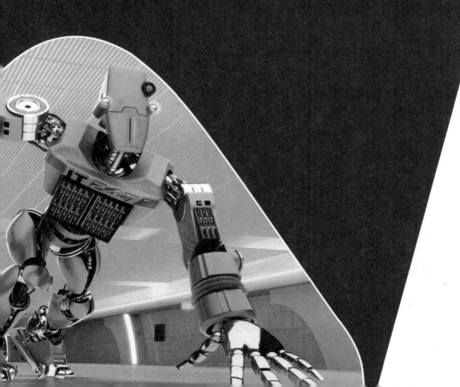

电脑的学名为电子计算机，是由早期的电动计算器发展而来的。而计算机的定义是一种能够按照事先存储的程序，自动、高速地进行大量数值计算和各种信息处理的现代化智能电子设备。计算机由硬件和软件所组成，两者是不可分割的。人们把没有安装任何软件的计算机称为裸机。人们研制电子计算机的初衷是为了提高运算的速度，可以说中国民间所用的算盘实际上也算是一种计算机，但它不能称为电子计算机。科技的发展日新月异，计算机的更新换代的速度也越来越快，发展到现在已经过了好几代的更迭。从

电脑

1946年世界上第一台电子计算机，到21世纪更加微型化和专业化的电脑，无数科学家为之付出了艰辛的努力。现在新出现的新型计算机有：生物计算机、光子计算机、量子计算机等。本章我们就从电脑的发展历程，发展趋势以及电脑与人脑之间的关系方面来为大家介绍一下电脑的相关知识。

电脑的基本结构

电脑是一种利用电子学原理，根据一系列指令来对数据进行处理的机器。电脑可以分为两部分：软件系统和硬件系统。

（1）软件系统

软件系统包括操作系统、应用软件等。

（2）硬件系统

硬件系统包括机箱（电源、硬盘、磁盘内存、主板、CPU-中央处理器、光驱、声卡、网卡、显卡）、显示器、键盘、鼠标等等（另可配有耳机、音箱、打印机、视屏等）。家用电脑一般主板都有板载声卡、网卡。部分主板装有集成显卡。

①CPU：CPU的英文全称是"CentralProcessorUnit"，翻译成中文就是"中央处理器单元"。它

在PC机中的作用可以说相当于大脑在人体中的作用，所有的电脑程序都是由它来运行的。

②主板：又叫MotherBoard（母板）。它其实就是一块电路板，上面布满密密麻麻的各种电路。主板可以说是PC机的神经系统，CPU、内存、显示卡、声卡等等都是直接

④内存：与磁盘等外部存储器相比较，内存是指CPU可以直接读取的内部存储器，主要以芯片的形

安装在主板上的，而硬盘、软驱等部件也需要通过接线和主板联接。

③主机：一般将放置在机箱中的电脑部件总称为"主机"。它是电脑的最主要组成部分，主板、CPU和硬盘等主要部件均放置在主机内。

式出现。内存又叫"主存储器"，

简称"主存"。一般见到的内存芯片是条状的，也叫"内存条"，它需插在主板上的

内存槽中才能工作。还有一种内存叫作"高速缓存"，英文名是"Cache"，一般已经内置在CPU中或者主板上。一般说一台机器的内存有多少兆，主要是指内存条的容量。可以在电脑

刚开始启动时的画面中看到内存的容量显示，也可以在DOS系统中使用命令来查看内存容量，还可以在Windows系统中通过查看系统资源看到内存容量。

⑤显示卡：显示卡是连接显示器和PC机主板的重要元件。它是插

在主板上的扩展槽里的，主要负责把主机向显示器发出的显示信号转化为一般电信号，使显示器能明白PC机在让它干什么。显示卡上也

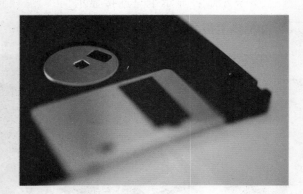

有存储器，叫做"显示内存"，它的多少将直接影响显示器的显示效果，比如清晰程度和色彩丰富程度等等。

⑥显示器：显示器是电脑的输出设备之一，外形与电视机相似。

⑦磁盘和磁盘驱动器：磁盘是PC机的外部存储器之一，分为硬盘和软盘两种。二者的共同之处在于它们都是使用磁介质来储存数据的，所以叫"磁盘"。不过要想让PC机使用磁盘，必须将磁盘放置在特殊的装置中，也就是磁盘驱动器里。

⑧硬盘和硬盘驱动器：硬盘的英文是HardDisk，直译成中文就是"硬的盘子"。由于硬盘是内置在硬盘驱动器里的，所以一般人就把硬盘和硬盘驱动器混为一谈了，外观大小一般是3.5英寸。硬盘的容量一般以M（兆）和G（1024兆）计算，平常见到的硬盘容量从几十兆到几千兆都有。平常所说的C盘、D盘，与真正的硬盘不完全是

一回事。真正的硬盘术语叫作"物理硬盘"，可以在DOS操作系统中把一个物理硬盘分区，分为C盘、D盘、E盘等若干个"假硬盘"，术语叫作"逻辑硬盘"。

⑨电脑电源和机箱：电脑当然要有电源了，不过电脑的电源可不能直接使用220伏的普通电压。电脑的电源内部有一个变压器，把普通的220V市电转变为电脑各部件所需的电压，比如CPU的工作电压，一般只有几伏。为了安全起见，一般把电脑各部件（当然除了显示器）合理放置在机箱内部。机箱的外壳上有许多按钮，如电源启动按钮、RESET按钮（用于电脑的重新启动）等等。机箱上还有一些指示灯，如电源指示灯在电脑工作时应该是亮的，硬盘指示灯在对硬盘进行操作时会闪烁等等。软驱和光驱在机箱前端，可以直接使用。

⑩扩展卡和扩展槽：当需要用电脑看VCD、听音乐时，就需要配

置声卡了。声卡不是PC机的必备部件，它是PC机的一种功能扩展卡。所谓扩展卡，就是指这种卡可以扩展PC机的功能，比如声卡可以使PC机发声、传真卡可以使PC机具备传真功能、网卡可以让您联入网络等等。扩展卡是直接插在主板上专为扩展卡设计的扩展槽中的。显示卡其实也是一种扩展卡，因为从计

算机的基本原理来说，"显示"实际是一种额外的功能，只是为了使计算机的工作过程能在人们的直接可视的监控之下。虽然现在显示器已经是电脑的基本设备之一了，但由于习惯的原因，显示卡仍然被视作一种扩展卡。当然，声卡、传真卡、网卡都是标准的扩展卡。

⑪键盘和鼠标：键盘和鼠标

是PC机的输入设备。当敲击键盘时，被敲击的键就向PC机的主板发送一个信号，并继续传送给CPU，由CPU来根据操作系统中的有关程序来确认按下的键将会引起什么反应。比如在做文字处理时，如果没有启动汉字输入系统，敲击键盘上

的英文字母会直接输入英文，敲击"a"键就会显示"a"。而当启动汉字输入系统后，敲击键盘上的英文字母后，就不会直接输入英文，而先判断所敲入英文是否符合汉字输入方法中的规则，如果能够表达某个或某些汉字，就会输入汉字。反之则无法输入汉字。又如在DOS系统中，同时按下"Ctrl""Alt"和"Del"将会使电脑重新启动。而在Windows95/98系统中就不会使电脑重新启动，而会弹出一个"关闭程序"的对话框。目前的键盘一般有101或102个键，有的键盘还有3个Windows95功能键。

⑫DVD：DVD即数字通用光盘。DVD光驱指读取DVD光盘的设备。DVD盘片的容量为4.7GB，相当于CD-ROM光盘的七倍，可以存储133分钟电影，包含七个杜比数字化环绕音轨。DVD盘片可分为：DVD-ROM、DVD-R（可一次写入）、DVD-RAM（可多次写入）和DVD-RW（读和重写）。目前的

DVD光驱多采用EIDE接口，能像CD-ROM光驱一样连接到IDEas、SATA或SICI接口上。

大脑的基本结构

大脑又称端脑，它是脊椎动物

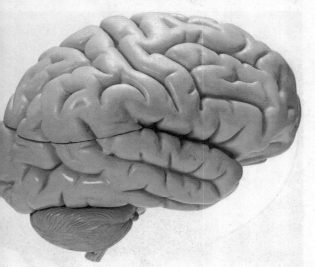

中枢神经的最高级部分，由左右两个大脑半球组成，是控制运动、产生感觉及实现高级脑功能的高级神经中枢。脊椎动物的端脑在胚胎时是神经管头端薄壁的膨起部分，以后发展成大脑两半球，主要包括大脑皮层和基底核两部分。大脑皮层是被覆在端脑表面的灰质，主要由

神经元的胞体构成。皮层的深部由神经纤维形成的髓质或白质构成。髓质中又有灰质团块即基底核，纹状体是其中的主要部分。广义的大脑指小脑幕以上的全部脑结构，即端脑、间脑和部分中脑。

大脑由约140亿个细胞构成，重约1400克，大脑皮层厚度约为2~3毫米，总面积约为2200平方厘米，据估计脑细胞每天要死亡约

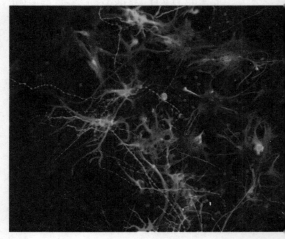

10万个（越不用脑，脑细胞死亡得越多）。一个人的脑储存信息的容量相当于1万个藏书为1000万册的图书馆。人脑虽只占人体体重的2%，但耗氧量达全身耗氧量的25%，血流量占心脏输出血量的15%，一天内流经大脑的血液为2000升。大脑消耗的能量若用电功率表示，大约相当于25瓦。因为大脑有80%是水，所以它有些像豆腐。但是它不是方的，而是圆的；不是白的，而是淡粉色的。

人类的大脑是在长期进化过程中发展起来的思维和意识的器官。大脑半球的外形和分叶左、右大脑

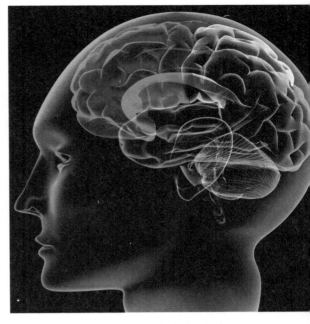

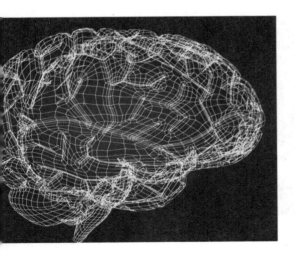

半球由胼胝体相连。半球内的腔隙称为侧脑室，它们借室间孔与第三脑室相通。每个半球有三个面，即膨隆的背外侧面，垂直的内侧面和凹凸不平的底面。背外侧面与内侧面以上缘为界，背外侧面与底面以下缘为界。半球表面凹凸不平，布满深浅不同的沟和裂，沟裂之间的隆起称为脑回。背外侧面的主要沟裂有：中央沟从上缘近中点斜向前下方；大脑外侧裂起自半球底面，转至外侧面由前下方斜向后上方。

在半球的内侧面有顶枕裂从后上方斜向前下方；距状裂由后部向前连顶枕裂，向后达枕极附近。这些沟裂将大脑半球分为五个叶：即中央沟以前、外侧裂以上的额叶；外侧裂以下的颞叶；顶枕裂后方的枕叶以及外侧裂上方、中央沟与顶枕裂之间的顶叶；以及深藏在外侧裂里的脑岛。另外，以中央沟为界，在中央沟与中央前沟之间为中央前回，中央沟与中央后沟之间为中央后回。

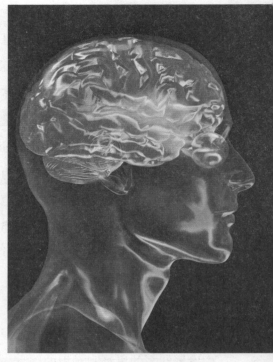

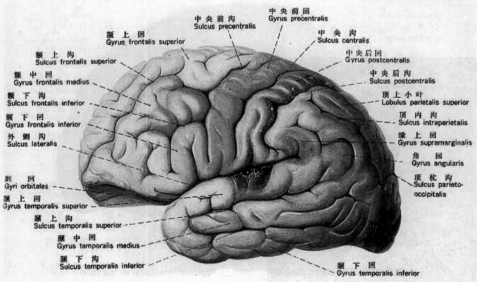

第二章

机器人漫话

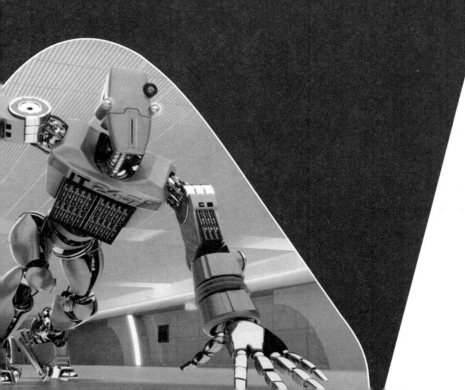

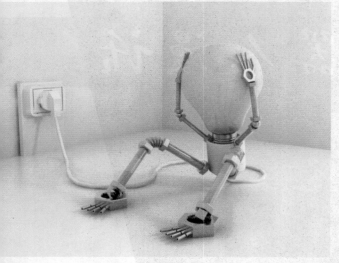

　　机器人是科幻小说电影中的常客，人们幻想出了各种各样的机器人，通常是刀枪不入的钢铁怪物。而现实中我们知道的机器人是一种自动执行工作的机器装置。它既可以接受人类指挥，又可以运行预先编排的程序，也可以根据以人工智能技术制定的原则纲领行动。它的任务是协助或取代人类的工作，例如生产业、建筑业，或是危险的工作。机器人是高级整合控制论、机械电子、计算机、材料和仿生学的产物，在工业、医学、农业、建筑业甚至军事等领域中均有重要用途。现在，国际上对机器人的概念已经逐渐趋近一致，即机器人是靠自身动力和控制能力来实现各种功能的一种机器。

　　联合国标准化组织采纳了美国机器人协会给机器人下的定义："一种可编程和多功能的，用来搬运材料、零件、工具的操作机；或是为了执行不同的任务而具有可改变和可编程动作的专门系统。"机器人一般由执行机构、驱动装置、检测装置和控制系统和复杂机械等组成。

　　虽然看过很多机器人电影和小说，但现实中由于机器人的特殊性，一般人对机器人仍然一知半解。本章我们将从机器人的定义、分类、发展历史方面出发，走进机器人的神秘世界。

机器人的定义

其实从外表上来看，现代工业机器人更像是普通的机器而远不像人。那我们为什么叫它"机器人"，而不称之为"自动工作机"呢？实际上，机器人是自动执行工作的机器装置。它既可以接受人类指挥，又可以运行预先编排好的程序，也可以根据以人工智能技术制定的原则纲领行动。这种可编程性和多功能适应性正好

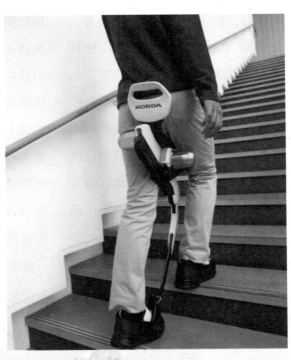

说明了为什么所有的机器人都可被视为自动化机器，而并非所有的自动化机器都是机器人了。

1988年，法国的埃斯皮奥将机器人定义为："机器人学是指设计能根据传感器信息实现预先规划好

的作业系统，并以此系统的使用方法作为研究对象"。而我国科学家对机器人的定义是："机器人是一种自动化的机器，所不同的是这种机器具备一些与人或生物相似的智能能力，如感知能力、规划能力、动作能力和协同能力，是一种具有高度灵活性的自动化机器"。在研究和开发未知及不确定环境下作业的机器人的过程中，人们逐步认识到机器人技术的本质是感知、决策、行动和交互技术的结合。随着人们对机器人技术智能化本质认识的加深，机器人技术开始源源不断地向人类活动的各个领域渗透。结合这些领域的应用特点，人们发展了各式各样的具有感知、决策、行动和交互能力的特种机器人和各种智能机器，如移动机器人、微机器人、水下机器人、医疗机器人、军用机器人、空中空间机器人、娱乐机器人等。对不同任务和特殊环境的适应性，也是机器人与一般自动化装备的重要区别。这些机器人从外观上已远远脱离了最初仿人型机器人和工业机器人所具有的形状，更加符合各种不同应用领域的特殊要求，其功能和智能程度也大大增强，从而为机器人技术开辟出了一片更加广阔的发展空间。

目前被国际上普遍接受的工业机器人的定义只有一个，即由美国机器人工业协会的一批工业科学家于1979年提出的："一种可改编程序的多功能操作机构，用以按照预先编制的能完成多种作业的动作程序运送材料、零件、工具或专用设备。"仔细研究这个定义，我们会发现其中包含了以下几种含义：

（1）"可编程序"。其含意为：机器人是这样一种机器，其程序不仅仅可以编制一次，且可视需要编制任意次。我们日常所用的很多电子装置都带有可编程的计算机芯片。例如，可以在电子数字闹钟的芯片内部编一个程序，指令它演奏一曲"友谊地久天长"作为闹铃声。然而这些程序不能随意改变，也不允许主人自己输入新的程序。

例如，即使你对"友谊地久天长"已经厌烦，也不能在钟内存储另一首自己喜爱的歌曲，因为其程序是固定在机器内部的。而机器人不一样，它的程序是可以置入的，即可根据使用者的意愿，对程序进行改

变、增加或删除。一个机器人可具有按任意顺序做不同事情的多种程序。当然，为了可以重新编程，一个机器人必须具有一个可输入新的指令和信息的计算机。计算机可以是"随身"的，即计算机的控制板就装在机器人身上；或是"体外"的，即控制机器人的计算机，在保证与机器人互通信息的情况下，可置于机器人体外的任何位置。

（2）"多功能"。其含义是：机器人是多用途的，即可完成多种工作。如对用于激光切割的机器人的终端工具稍加改变，即可使其进行焊接、喷漆或装置操作等工作。

（3）"操作机构"。其含义为：机器人工作时，需要一个移动工作对象的机构。正如机器人与其他自动化机器的区别在于它的程序的可重编性和万能性那样，机器人与计算机的区别就在于它有一个操作机构。

（4）"多种预编动作程

序"。其含义为：机器人工作处于动态过程中，即以连续生产活动为其主要特征。

虽然这个定义看来相当抽象，甚至有些模棱两可，但它确实把工业机器人与固定程序自动化机器区别开来了，也与类似食品处理机那种只需要更换配件便可完成调料至绞馅的多功能机器区别开来了。同时，它也使机器人远远脱离了科学幻想类小说的范畴，因为机器人能否具备人类特征，归根到底还是要依赖人类的创造才能。我们可以把机器人看作是自动化机械发展道路上一个合理的重大进步，人类已经把由人控制的单一功能的生产机械发展为无人控制的多功能机械。

机器人的分类

机器人是科学技术发展到一定历史阶段的产物。目前，对机器人还没有统一的分类，各派专家都按自己的标准提出了各自的分类法。从事研制和使用机器人的动力机和机械手的一些单位代表建议，应根据机器人的运动学、几何学和动力学等方面的特点来分类。若按机器人的运动参数来分类的话，便要依据它的移动速度来确定；若按几何参数来分类的话，便要依据它的

职能器官（首先是它的机械手的尺寸）的移动范围来确定。如按动力学来划分的话，可依据重量把它分三类：小于5千克（人用一只手能移动的重量）的算一类，5～40千克（人用双手能移动的重量）算一类，40千克以上（必须在几个人的共同努力之下才能移动的重量）也算一类。

研究机器人控制系统的专家则提出了另一种建议：应该根据控

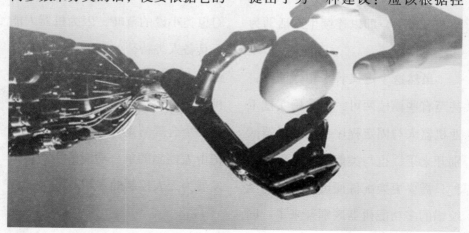

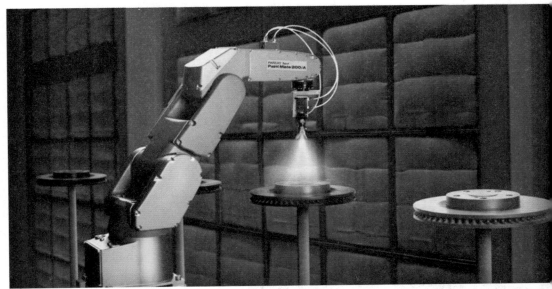

制过程中人的参与程度来分类，即
把机器人分为以下几种：第一类是
生物工程机器人，包括由根据模仿
原理控制的机器人，这就是那些像
虾、蟹一样露于体表的外骨骼，即
直接罩在机器人身上的机械动力
架。属于这一类的还有不用人靠
近，而由操作员从控制台控制的机
器人。还有半自动机器人，即操作
员从控制台视情况仅仅改变其动作
程序的机器人。这些机器人不属于
完全意义上的机器人之列，因为它
们的智能完全或部分都被操作人员

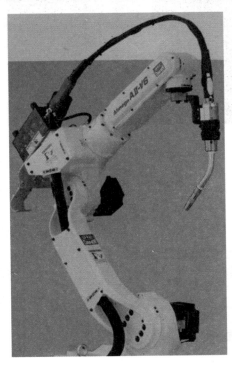

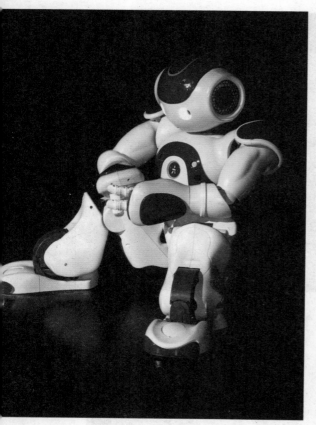

的智能代替了。第二类才是所谓的真正的机器人。这是自主操纵的机器人，即它工作时，不需要人去参与，它是装有人工电脑的自动机。从这里可以看出，这种分类法是根据机器人的智力程度对其进行分类的，即是由计算机的能力以及构成控制装置基础的软件的灵活性来确定的。

不过，从事机器人应用的专家们也有自己的看法，即根据机器人的应用范围或生存环境来分类。他们认为，自然界里的动物形形色色，有的生活在地上，有的生活在地下，有的生活在空中，有的生活在海洋里。机器人也一样，它们为人类服务，有的在地上生活，有的在宇宙空中奔忙，有的忙碌于碧波荡漾的汪洋大海里，有的服役于极地冰川，有的置身在荒漠孤岛。

而现在人们普遍接受的机器人种类大致有：工业机器人、农业机器人、运输机器人、建筑机器人、日常生活机器人。在控制论的推动下，人们认为这一大群机器人由电脑、遥测传感器、机械控制器支撑着，它们也可以分为三大类，即供生产用的机器人、供研究用的机器人和供生活用的机器人。

我国的机器人专家从应用环境出发，将机器人分为两大类，即工业机器人和特种机器人。所谓工业机器人就是面向工业领域的多关节机械手或多自由度机器人。而特种机器人则是除工业机器人之外的、用于非制造业并服务于人类的各种先进机器人，包括：服务机器人、水下机器人、娱乐机器人、军用机器人、农业机器人、机器人化机器等。在特种机器人中，有些分支发展很快，有独立成体系的趋势，如服务机器人、水下机器人、军用机器人、微操作机器人等。目前，国际上的机器人学者，从应用环境出发将机器人也分为两类方式：制造环境下的工业机器人和非制造环境下的服务与仿人型机器人，这和我国的分类是一致的。

这里我们主要介绍工业机器人、感觉机器人和智能机器人的特点，以便大家更好地了解机器人。

☆工业机器人

（1）机器人的手

第一代机器人的伟大之处在于它拥有灵活的手，能成功地模拟人的运动能力。比如，它们会拿取、举起、拆除、翻转一些东西。在现代工业中，它们还学会了喷漆、磨削、焊接、切割、包装、打印商标、对物品分类、拣出废品，有的机器人甚至还能修剪、绘画、弹竖式钢琴和雕刻某些图像。人手臂上

有52对筋肉，腿脚上有62对筋肉，颈部有15条筋肉，因此人能够做出

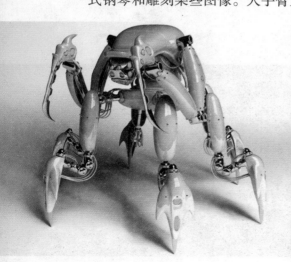

各种极其复杂的动作。仅就手臂而言，人就有27个自由度。但对于模仿人运动的机器人来说，它们并不需要这么多的运动功能。现代的机械手总共有6～8个自由度。

每一个工业机器人都由两个主要部分组成：机械手和程控器。由机械手完成全部必需的动作，程控器则进行全部必需的控制。前者是机器人的"身躯"和"手"，后者是它的"大脑"。其身躯一般是粗大的基座，或称机架。机器人的手是多节杠杆机械，即机械手。要让手能够作出预先规定的动作，它就要有肌肉，即传动机构。肌肉的作用是将大脑发出的信号转换为手的机械动作。机械的手、臂或抓取器的终端是夹具。

大部分工业机器人仅有一只手，但也有的有两三只或更多的手。但其作用几乎相同，即重复人或动物的上肢动作或完成其他动作。一般说来，机械手是依据三条原则安装设计的。第一条原则是机

械模拟人手结构。其关节有：下臂、肘、腕，均是根据轴向或活关节接合原理做成的。机器人的液压或电动筋肉则保证这些关节能活动自如，如同动物的关节一样。第二条原则是一些专门的杆可做水平、垂直和角形的各种线性移动动作，这些移动可确保机器人手具有必要的灵活性。第三条原则便是将上述两原则结合起来。

设计机器人的手需要解决大量异常复杂的问题。这里并非仅仅是考虑模仿人手所具有的功能，有时还要考虑让机器人去完成人做不来的事。比如，工人用手工加工半成品无法精确到一个微米，但机器人却能顺利地完成这种任务。目前使用的工业机器人具有从几十公斤到三吨以上的起重力，移动自由度2～6个以上，定位准确度0.05～5毫米，服务区域范围0.01～10立方米。不过，这些性能取的都是平均值。比如英国就制造了一个将12吨重的轴辊安装在磨床上的机器人。

机器人要运动就需要使其"筋肉"运动。机器人的气动"筋肉"

是由气压传动筒组和气动发动机组构成的，气压传动筒组用来创造直线运动，气压发动机组用来创造旋转运动。它们利用特殊的气动阀来控制、调整移动速度和使活塞停止做功。这种传动机构相当简单，作用于气压传动筒活塞杆上的力主要取决于压缩空气的压力，借助于专门阀，这个作用力很容易控制。气动肌肉的优点是工作中不出现故障，需要的工作面积小，造价低，维修容易。

液压传动机构的运动原理同气动机构相类似，不同的是液压传动机构是使用液体来代替压缩空气。液压传动机构的功率更大，它一般用在最有力量的机器人手臂上（举重力达数吨）。但是，它要求的保养条件高，否则一旦发生液体泄漏，就会污染周围环境。

以前电力驱动的机器人数量不是太多，而现在用电力筋肉的机器人越来越多了。电动驱动提供了启动、停止、转向的优良动力特性，提高了定位精确度（小于1毫米），保证了广泛的机动性。电动传动机构装配和调整容易、方便，维修保护简单，没有噪音。它也应用于大多数第二代感觉机器人，这是由其优点和实现自调控制算法之间的灵活性决定的。

人类的双手无所不能，机器人

"双手"的终端装置同样也是形

形色色的。最流行的是像鸟嘴或蟹螯虫一样的"二趾爪"，它可以完成抓取和移送大多数零件；如果要更牢固地抓住零件，尤其是圆形零件，就要使用三趾爪；如果零件又粗又长，那就改用多爪抓钩，即用几个二趾爪或三趾爪从许多地方同时抓住长管子；输送液体使用斗勺；抓取散体物使用三爪小斗勺；如果零件是很大的平板形的，那就使用类似章鱼身上的吸盘；如果抓取钢件或白铁件，还可以用磁性抓具；如果要抓管型的或空心圆柱体件，则可以用张合的抓爪、特殊的梨状充气器、穿进管子去的小棒子。

除了灵巧性不同之外，机器人的"手"大小也不同：有用以抓取好几吨重的轴辊的大爪子，也有用来同微电子产品和钟表齿轮打交道用的小镊子。有些像胡须一样细的手指甚至需要用显微镜来看，才能知道它是如何同小小的零件打交道的。总之，机器人的"手"可能是模仿动物的手、爪，而为了美观，有时也可能"发育"得更加优雅。但就目前而言，还是仅以实用为主要目的。

人的手是十分灵巧的，轻、重、冷、热它都可以感觉到并做出相应的动作。就保持身体的平衡而言，内耳前庭发挥了重要的作用。但机器人没有内耳前庭，它怎么会保持平衡呢？如果拿起薄薄的灯泡

或精巧的微电子制品，机械手会轻拿轻放吗？

机械手的操作性能是多方面的，动作也特别多。机器人需要能完成拿起处于不同距离和不同高度的零件或装配完毕的部件，拐弯抹角地避开障碍物，穿过一些狭窄的孔洞，把一些零件固定在机床、夹子和炉底的需要位置上等工作。机器人需要在生产环节中经常变化的情形下，快速地转来转去。也许有人会说："这有什么呢？给机器

造成强壮的身体就是干这些活儿的嘛"。但在机器人学家看来，这是个复杂的"心理学"问题。也就是说，除了一定的力量属性外，机器人应当便于控制，它们的筋肉能准确地完成"大脑"发出的放松、收缩、用力等指令。这样，这些筋肉产生的作用力恰到好处：既能举起物品，又不会弄碎诸如灯泡、电子显像管和微型组件之类的易碎品。如此，就要求机器人的动力传动装置，必须首先是万能而可控的。

内 耳

内耳由于结构复杂，又称为迷路。内耳全部埋藏于颞骨岩部骨质内，介于鼓室与内耳道底之间，由骨迷路和膜迷路构成。骨迷路由致密骨质围成，是位于颞骨岩部内曲折而不规则的骨性隧道。膜迷路是套在骨迷路内的一个封闭的膜性囊。膜迷路内充满了内淋巴液，骨迷路和膜迷路之间的腔隙内则被外淋巴液填充，且内、外淋巴液互不相通。

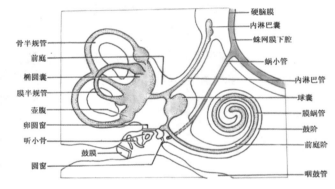

内耳位于耳朵之最深处，被颞骨包围着，可分成两个部分：一个叫做耳蜗是听觉器，另一个叫做前庭是平衡器。因此内耳又叫做平衡听觉

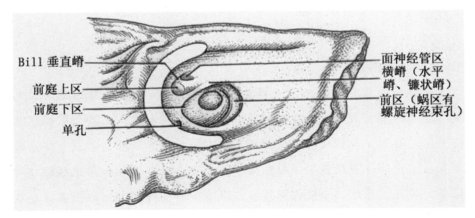

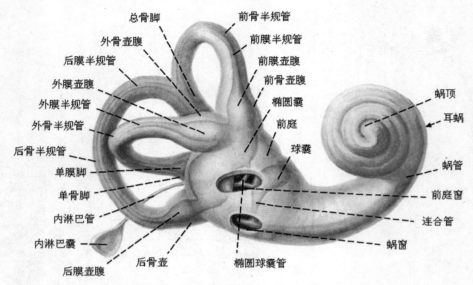

总骨脚
外骨壶腹
后膜半规管
外膜壶腹
外膜半规管
外骨半规管
后骨半规管
单膜脚
单骨脚
内淋巴管
内淋巴囊
后膜壶腹
后骨壶

前骨半规管
前膜半规管
前膜壶腹
前骨壶腹
椭圆囊
前庭
球囊
椭圆球囊管

蜗顶
耳蜗
蜗管
前庭窗
连合管
蜗窗

器。支配它的神经叫做平衡听觉神经。平衡和听觉两个风牛马不相及的东西怎会凑在一起？解剖学上发现，两者都浸泡在共通的内外淋巴液之中，因此在临床症状上就产生了一些复杂的关系。平衡障碍可能会导致听觉症状，也就是可能会有听力障碍、耳鸣等症状。

前庭平衡器可分成两个部分：一部分是左右耳对称，主控制旋转平衡的三半规管。三个半规管相互垂直，三度空间可谓面面俱到，所以任凭你的身体或头部处于任何姿态，三半规管都可以管得到，无任何死角。因此，人可以维持任何姿势的平衡。另一部分是椭圆囊和球状囊，它是控制直线性平衡的，包括地心引力。

内淋巴液因身体之运动而产生的流动刺激其中的感觉细胞发生电波。静止时，左右两边前庭平衡器会各发出方向相反、强度相等的讯号给大脑，因为方向相反、强度相等不偏不倚，是平衡状态。当身体或头部变位，则两边会发出不等的电波，让大脑去诠释身体和周遭环境相对位置的关系。相反，如果有一边前庭平衡器发生障碍，则纵使身体或头

部为静止状态，但是左右发出的讯
号不相等，大脑知道了以后就会提
出矫正的命令，以致改变身体的姿
势及视觉定位来回两边不等的讯
号。于是身体就会"不自主的"
倾斜到一边去，而眼球也会随之振
颤，这就是失衡及眼振。所以平衡
障碍不过是前庭障碍的肢体表现而
已。

　　在前庭向大脑传电波送的路
途中，在脑干某一个地方有神经原

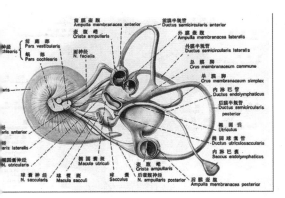

的交换，类似继电器一样，在这里
叫做前庭核。前庭核与迷走神经核
相邻，前庭核电位的变化常会影响
到迷走神经核，引发迷走神经的兴
奋。因此也会产生恶心、呕吐、胃
冷汗的迷走神经的症状。

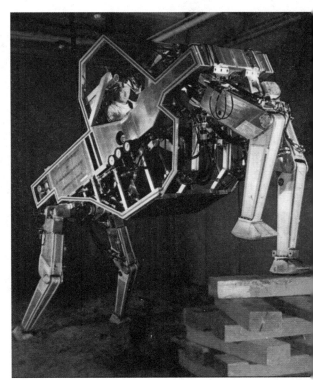

（2）机器人的脚

人们习惯把机器人所进行的动作分为三类：局部动作、区域动作和总体动作。局部动作是人们借助于手而进行的各种操作，如抓、放、翻转、插入、取出；区域动作是运用整条手臂的机械能力来进行的动作，如机器人在基座不动的情况下，将零件从一个地方移到另一个地方；而总体动作就是机器人的自身移动。

人要整体动作就要有脚，车子要整体动作也要有车轮。因而机器人要完成总体动作，同样要有"脚"。

给机器人制造脚的历史可以追溯到19世纪中叶。当时俄罗斯数学家切贝绍夫设计出了著名的"百足机器人"，这是由四个希腊字母"λ"形机械结合成的一种机器人。机器人的脚踩到地面时，它就向前平移；脚离开地面，它就在空中沿曲线运动，好像步行者的脚步在空中划出的轨迹。后来，切贝绍夫的后继者使机器人的"脚"模仿人脚或动物蹄爪的动作。苏联的阿尔托夫斯基在理论上解决了机器人脚的关键性问题。最后，列宁格勒仪表制造研究所的专家们制造出了苏联最早的步行机器人。这个步行机器人有六只脚，脚上布满了传感器，所以脚在空间的位置以及脚接触地平面的情况等数据便能不断地输入机器人的电脑。

"六脚人"走路能快能慢，但始终处于稳定状态。这使四脚机器人保持稳定的问题已变得更加迫切了。美国工程师利斯顿研制的装配着控制器的"四脚马"，在冶金中是能派上用场的。比如，它可以将大块的钢坯从热处理车间送到锻压工段和冲压工段。美国宇宙勘探国家管理局为勘查月球表面积，也积极研制八脚和六脚运输机械，其中的四只或三只脚用来保持平衡，其余的四只或三只脚用来移动身体。较著名的四脚机器人有两种：美国通用电器公司制造的运输机械和模

仿马的动作的马格结构。

但也有人将目光转向了两脚机器人，如通用电器公司制造的运输

模型和日本早稻田大学伊藤博士研制的仿人步行两脚机器人。在这个类人步行机器人身上，采用了专门研制的人造筋肉：这些筋肉是一些柔韧的橡皮软管，这些橡皮软管连接成一些不大的嘟噜，分成三组。处于通常的松弛状态时，这些筋肉无力地下垂着。要让筋肉绷紧，只要向里注放压缩空气，这三组筋肉便鼓成圆球。筋肉收缩时，附在筋肉上的腿、脚骨骼就会举起来迈步。

许多国家制造了各种各样的机器人，特别是会步行的机器人。

不过，这些步行机器人的步姿却千姿百态，与人类有很大不同。人在狂奔时忽然被一个东西拦住，会被拌倒，而机器人无论什么时候都处于平衡状态。它们如此稳定，以致于显得不太灵活。如何让两脚机器人真正成为步行者，又帮助它们解决不稳定的问题呢？美国麻省理工学院的一批研究者研制出了一种独立的能跳跃的自控腿。这条腿还装备了微型电子计算机和电源。它的唯一"关节"是膝盖，"脚掌"是一个十字架，十字架可以使脚不歪倒。这条1.5米的腿能站立、伸直、朝前迈进并重新抬起来。独腿机器人的计算机能自己编制程序，用试验和失误的方法编制出最佳的跳跃方式。脚通过不断发生失误并

"记住"自己的失误从而取得经验，步子便会越来越稳。

（3）输入程序

人们通过观察自己得到了启发，由此制造出来的机器人与人有许多相似之处。工业机器人是作为能够完成人的某些功能的机器而出现于生产中的。它的任务是按照事先规定的路线运送零件和半成品，或是把零件和半成品从一个指定的空间点运到另一个指定的空间点。通过观察人把手伸到一个确定位置的类似动作，可以将这种动作分解成两个主要阶段：动态阶段，即动作快速向目标靠近阶段；静态阶段，即急剧减速和更准确地协调方向阶段。这种协调通常伴随着小幅度的摆动动作。

第一代现代化工业机器人进行操作时也具有上述两个阶段，不过它在稳定阶段时没有像人在接近端点时的那种搜索摆动的动作。对于机器人来说，这种目标位置坐标应严格固定，能准确复制，操作对象

应准确地置于程序所规定的位置，并且处于机器人能够拿起的状态，因为第一代机器人是"瞎子"，它们不会反馈信息。

像"起身""闭合直至接触"或"迈右脚"这样的一些指令，每个指令本身就是一套程序。

然后，需要把这些指令变成有关筋肉的气脉冲或电脉冲，再由气、电脉冲变成相应的位移、角度和转矩。这一切都需要极其精确地完成，第一代的现代工业机器人的定位精度可以达到0.1毫米。但它们想达到这个精度水平很难，离不开操作者的帮助，因为操作者是信息的唯一来源，他就像瞎子的向导。如果能把信息作为一种工作程序输入机器人的存储器中，那么机器人便能在自动工作状态下完成指定的任务，不再需要外界补充信息了。

编制并向机器人存储器中输入程序有几种基本方法：①可以把动作程序划分成一些单独的指令和镜头，计算好后，将程序输入机器人的存储器中。②可以通过按电钮或摇手柄的方法，从操作台上用手控制机器人"示范地"完成一次任务。③抓着机器人的机械手，领着它经过轨迹上所有必须经过的点，教会机器人需要做的动作。

按照第一种原理而设计的程序，很像电子计算机的程序。不过，它是将电子计算机的数据地址和数字运算、逻辑运算指令换成了空间点"地址"和"操作工序"指令，如：手向右（左）转，伸出——收回，举起——放下，打开夹具——夹紧，手向左右转动等。程序就是这样一套指令，并周期性地完成必要的次数。

按照第二种原理进行训练，则是"实时程序设计"。操作人借助于机器人控制台上的手柄和按钮，操纵机器人完成这些或那些动作。这些动作统统存储于机器人的存储器中，需要重新做多少次就重新做多少次。

第三种训练方法有点像训练小孩。有经验的焊接工人可以拿着固定在机器人手上的焊枪教机器人沿焊缝的最佳线进行焊接，机器人就会把动作存储在存储器里。受过训练的机器人会在大脑的控制下独立工作，因为动作程序已经存在于它的存储器里了。

最简单的机器人运用的是循环控制系统，动作是"从支点到支

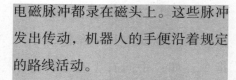
点"来实现的。这种控制系统的程序携带者是布满插头的特殊磁鼓。需要重复动作的时候，磁鼓就转过来，插头接通传动装置，传动装置就会"开动"整个系统，这种控制系统叫做"位置式"。位置式的控制系统是凭借磁带录音机，全部的

电磁脉冲都录在磁头上。这些脉冲发出传动，机器人的手便沿着规定的路线活动。

上述方法中的第一种，是机器人程序设计的"先进"方法。编制机器人的程序像编制电子计算机的程序一样，不过机器人的这种程序编制可以交给另一个电子计算机来进行。如果编制程序可以"批量生产"的话，这样一来效益是相当高的。

第一代机器人能创造很大的经济效益，其应用范围也是十分广阔的。它们能照看机床、熔炉、冲床、生产线、焊机、铸造机等，还能有效地安装、运输、包装、焊接、装配、加工（热加工、机械加工）产品，在机械制造业和冶金业中的应用尤为广泛。

现在大概所有工业生产部门都使用过机器人，一经使用它们，该行业定会声名大震。不过，第一代机器人在汽车工业中的使用量是最多的，如苏联的伏尔加汽车厂、

利哈乔夫汽车厂、列宁共青团汽车厂，不仅使用机器人，还自己制造工业机器人和全套自动化设备。欧洲的菲亚特公司，从1973年开始就从事研究在焊接作业中使用机器人的问题了。由于使用机器人证明经济效益显著，菲亚特公司于1975年建成了131型汽车的焊接生产线。试验结果表明，使用机器人进行焊接的废品率大大低于通常的万能焊机。不过，使用机器人要求在装配准备阶段的工作要做得相当精细。车体在"定位焊"之后，立即通过自动检验处进行检验。在131型汽

车车体制造完成工段，有23个"尤尼梅特"型焊接机器人，它们一小时内能在50个汽车车体上完成620个焊接点，也就是说每个机器人一小时完成的是一个工人一个班内的工作量。装配四个门或两个门的车体是在一个传送线上完成的，这也是唯一需要更换程序的地方。如果要在一条传送线上进行两三种不同形状的车体的生产，机器人就必须具备相应的能力。

这条焊接生产线的23个机器人中有两个起初是备用的，以便工作机器人中有哪个损坏不能使用时及时替换。这两台机器人都编制了能按任何一种程序进行工作的程序。菲亚特公司的专家们认为，机器人的平均效率已经达到了94%，而"多枪焊接"自动机的效率为80%左右。虽然后者在单位时间内的工作效率比机器人高，但当它们出现故障时，整条流水线便会中断。而某个机器人受损停止工作时，流水线却照样能继续工作，因为退出工作的机器人的工作可以由旁边的机器人承担。

菲亚特公司的专家们进一步指出，"尤尼梅特"型机器人具有非常高的可靠性。在整个五年的使用期限内没有更换过一台机器人。不过这里必须强调的是，不用更换的原因之一是对机器人的保修措施好。机器人程序的可编性，使公司的产品能够迅速适应市场的变化。公司进一步注意到使用机器人了的好处了。到1976年时，公司已使用90个机器人，其中23个用于焊接，67个基本上用于机械运输。为扩大机器人的使用范围，公司还进行了成对使用机器人进行焊接的试验，即其中一个机器人把待焊接的钢板拼在一起，由另一个机器人进行点焊。

在日本，各大汽车垄断企业也广泛地使用了工业机器人。在美国，通用动力公司使用机器人制造飞机机身，通用电力公司则用机器人生产冰箱。这种机器人也用于原子工业中，它们跟放射性材料打交道，使人摆脱了这种危险的工作。

机器人

而在苏联，机器人还有一个十分古怪的工作——烤面包。莫斯科第十面包厂就使用机器人烤面包。车间里，"黑面包河"旁边是"鲍罗季诺"面包河，再远一点是"奥廖尔"面包河，在成为三条面包"河"发源"地"的车间里还安装了一个自动化综合体，这个综合体为另一条面包河——"新乌克兰"面包河奠定了基础，机器人在这里找到了自己的第一个工作岗位。它的工作流程是：操作员检查烤炉里的温度，仪表显示热烘机组做好了接受包模的准备；接通起动器，复杂的自动化综合体的众多部件便运

转起来。喷油嘴便将乳状油液喷在包模上；继电器"啪"地响一声，面包模传送带便立即停下。机器人好像就是在等这个瞬间，它用14秒钟装填和好的面，然后发出启动传送带的指令。接着将称好的面包填进新的面包模里，然后向传送带再一次发出指令。两个小时后，从烤炉中送出了第一批"机器人"面包。运用机器人带来了显著的经济效益，因为在同样的生产面积上，面包的产量一昼夜可以增加10吨。同时它还降低了植物油的消耗，工

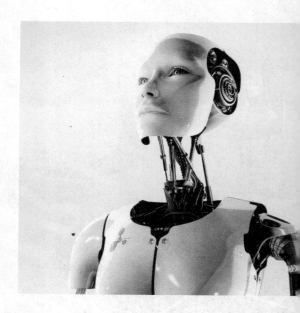

44

人的劳动条件也得到了改善。

　　总之，机器人正逐渐地走进我们的生活。但也许有人会问："这些铁家伙这么能干，难道就没有它们干不了的事情么？"当然有，要不人们为什么还要去发展第二、第三代机器人呢。

☆感觉机器人

　　（1）后生强于先生

　　随着科学技术的飞速发展，机器人技术也发生了巨大的变化。在很短的一段时间内，其基本部件

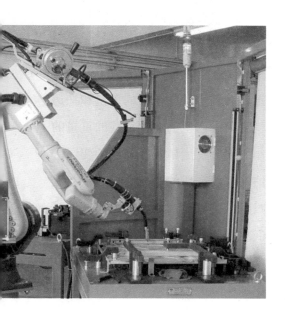

就发生了重大变化，出现了新的

功能，扩大了使用范围，也改变了使用特点。于是第二代机器人出现了，这就是有感觉的机器人。

　　它的前一代机器人，即工业机器人，是程序控制机器人。它们是按照人们预先硬性编制好的程序去完成操作的，其工作条件是严格的、固定的。尽管应用广泛，工作有效，但却是"笨蛋"加"瞎子"，因为它们仅仅能完成预先设定的指令，不能应付意外情况，不管是发生了微小故障还是厂房倒塌，甚至房顶砸到它们头上时，它们也不会躲开或停止工作。但有

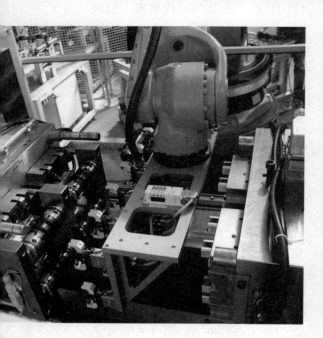

"感觉"的机器人出现以后，机器人的能力就不再那么有限了。这种感觉机器人便是第二代机器人。

比如，工业机器人的机械系统，实际上常常在机器人手臂自身重量、被移动的物件的重量和在运动过程中产生的惯性负载的重量的作用下，发生精确度降低的变形。惯性负载造成的变形会导致不断衰减的机械振动，这种机械振动会降低准确度并增加定位本身的时间。这种变形在运动量和运动方向的变化加速时尤为剧烈。为了减少这个现象的有害后果，就必须采取相应的措施，如减少手臂的重量和长度，增加加强筋，安上限速止推轴承等。不过，还必须要考虑到温度变形的情况。所以配有位置控制系统和1.5～2米手臂的现代机器人，其定位精度能达到1毫米已是最大可能了。

　　然而，这在某些情况下是远远不够的。不过，"感觉"机器人利用另外的控制原理，可以用一种新方式来解决这一问题。这样既有了更高的精确度，又省了钱。第一代机器人有其公认的缺陷，即不变性和一致性。如果生产过程中一旦发生哪怕是最微小的变化（如电压下降或零件从传送带上掉下来），第一代机器人在这种操作小事面前会显得束手无策。它顶多会停下来，张开大手，好像局外人似的看热闹。糟糕的情况是它会继续工作，挥动着空手，根本不知道它的努力是在白费劲。它不能适应周围变化的情况，因此为使工作成功，周围

的情况不得不去适应机器人。这就导致了这样的问题：是机器人为

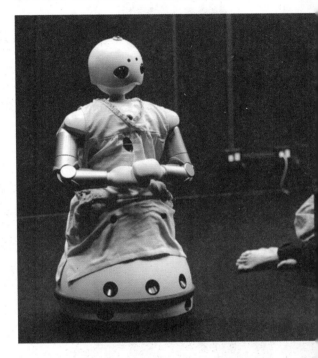

生产服务还是生产为机器人服务？因此，为了使机器人为生产服务，第二代机器人出现了。

　　它不仅仅是像电子计算机一代替换一代的那种自然更替，而且是它要在急剧复杂化的生产环境中"争取生存"的条件。这样，就涉及到了提高机器人智能水平的问题，因为第一代机器人的智能实际

上并不比低级昆虫高级多少。比如，汽车装配线上出现了一些倾斜，而机器人并没有觉察到这个误差。它们事先被调整好要在汽车车门上钻眼，出现了误差之后，它们可能就把孔钻到了油箱上。制品位置的不对，也丝毫没有使机器人"不安"。此外，假如它们的电子管线路一旦出现某种毛病，自动机便会"盲目狂怒地"用它强壮的钢爪胡乱敲打。一方面，机器人的确能代替人去干有害和危险的工作；但另一方面有时它们又会给人造成危险。

制服不听话的"铁奴隶"，让机器人通人性，不伤害人，已经成了一个迫切需要解决的问题。为确保使用机器人的车间里人的安全，人们采取了各种手段：在机器人工作区内的地板上设置有弹力的踏板，或者与断路器联在一起的隔墙，隔墙一打开就会发出"停止"指令，用光线围住机器人工作区。还有一种机器人，当人出现在工作区时，它就停止不动。这种机器人已经不再是"瞎子"，但还是不会"看东西"，它有的只是"感觉"。

第一代机器人的身上其实已经出现了最简单的感觉：如果在夹具

的指头之间被指定的地方没有需要的零件，机器便会停止不动。这时全部的感觉只是："有一没有"。对情况的最简单适应能保障机器人最大的动作能力，它只要一触及物品，便有感觉，甚至能识别零件的尺寸和重量，并用相应的动作移动零件。此外，具有各种感觉的机器人比第一代机器人更安全、更方便、更准确。它们还具有许多特殊的优点，比如它能操作形状尺寸经常变化、方位不确定的工件，或者是操作正在传送带上移动的零件。

它还能感觉到作用力，比如感觉到螺钉往圆孔中拧入的力。要不然，圆孔或螺丝肯定会被拧坏。 而第二代机器人则能干一些第一代机器

人连"做梦"也梦不到的事。

人有5种感觉：视觉、听觉、触觉、嗅觉、味觉。有时，敏感的

人还有更多的"感觉"。但是人的感觉器官仍是十分有限的，生物界的感觉元件才是真正的丰富多彩，比如海豚有声响视觉系统，蝙蝠有超声波测位器，蛇有热视能。某些动物还有在静电场、电磁场、热能场、紫外线磁场和其他磁场中识别方位的能力，比如狗的嗅觉灵得出奇，老鼠能听见超声波，蛇对振动敏感等。

综合借用了人和生物界的一些东西，再加上人类的发明，现代感觉机器人便拥有了不少敏感元件。它的这些敏感元件叫传感器，分为两大类：内部的和外部的。前一类用来监督机器人自身的动作，这类传感器被安装在操作机器的传动装置里；后一类用来监督工业机器人操作的那些物体的情况，机器人借助这类传感器能确定零件、半成品和成品部件的位置、形状及其他特

征。内部信息传感器是机器人的独特的自我监督器，用来确定位置、转动角度、速度以及手、臂、肩和其他机械的力矩。如果机器人的控制是在"接通——断开"原理的限制开关基础上进行的话，那么这种限制开关本身就成了一种内部传感器，它可将机器人的手摆放在开关生效的位置上。

如果情况太复杂，还可运用反

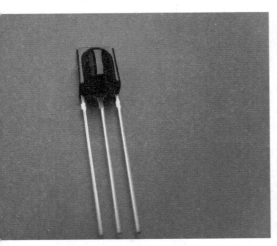

馈随动机构——电位计、自动同步机、分解器、模拟数字转换器等。电位计是在改变转角的情况下，在线绕电阻或薄膜电阻改变的基础上进行工作的。由于电位计有触

点，一般可靠性都不高，最大使用期限在200万转左右。在自动同步机结构中运用的是变压器的工作

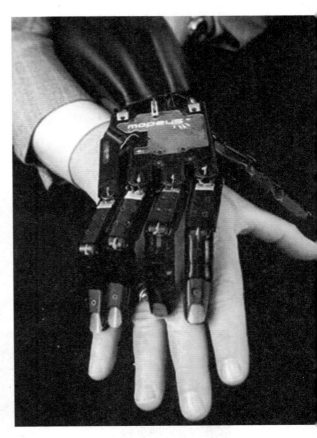

原理。初级线圈用单相电压，次级线圈内产生感应的电压决定于旋转角。自动同步机作为基于电磁感应的无接触装置，具有高度可靠性、抗扰性。不过，自动同步机的准确

性以半个度数值为界限。分解器是在自动同步机之后研制出来的，原理相同。但是，分解器的定子和转子上各缠有两组线圈。因此，分解器的准确性高于自动同步机。

机器人手的状态传感器大都配置成能将各种各样的位移变为电脉冲的形式。这些"神经"脉冲会使机器人"有感觉"。机器人传感器有多种：电磁传感器、电容传感器、感应传感器、阻力传感器（电阻）、光电传感器。也有许多其他的传感器。比如，电动机一般的积分速度传感器、磁性电表等。机器人的这些自我监督传感器大多数早就应用在第一代机器人的身上。到第二代机器人时，这些内在的"感觉"变得丰富多彩了。不过，第二代机器人感觉器官发展的重点还是集中在外部。

最简单和最通行的外部信息传感器是"接触"传感器，它是工业机器人的触觉。在夹具，即机器人手的末端装有专门开关，这些开关记录跟零件或机床接触的情况，并以脉冲形式输入"大脑"。安装在机器人夹具里侧和外侧（上、下、左、右）的10个这种开关帮助机器人用"手摸"方式判定零件的位置或出现障碍的位置。

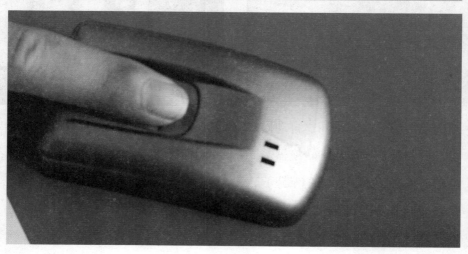

　　然而，要判断手接触的物体的重量和坚固程度，又需要设计另一种传感器。这种传感器是置于金属薄板间的导电泡沫聚氨脂层。薄板的间隔根据压力而变化，并且适当改变电路电阻。具有压力反馈的手的握力控制机构能防止物体和人造手受到损伤。

　　传感器中的光电传感器、电磁传感器、超声传感器、射流传感器等无接触传感器尤其方便，因为不直接接触就用不着担心会造成对物体的碰撞或接触不良。此外，这样的传感器能预先"感觉"到物体，它们在接触之前已能判明物体，这也是机器人独特的视觉"习性"。电磁传感器在几毫米至几厘米距离内起作用。它是通过磁场或电阻效应起作用的，其感觉具有高精度和可靠性的特点。当然，这种传感器只有在操作金属物时才有用。光电传感器跟视觉很类似。如果使用灯泡和光电二极管作光源，用光电管、光电二极管和光电晶体管作光接收器，可以用物体对光流的阻断或从物体折射回来的光脉冲来发现零件并确定其位置。这个并不复杂的"眼睛"由两个透镜组成，这两

个透镜的焦距已调在几十毫米外的一个点上。在这个点没有显示任何平面以前，光电二极管便收不到光敏二极管的信号。为使传感器对外界的爆光不产生反应，光敏二极管射出的是固定频率的光线，光电二极管也调到这个频率上。

超声传感器是由信号传感器和接收器组成的一个系统。它借助于反射回来的声响信号，可以发现物体并测出离该物体的距离，它的优点是：能发现透明的物体（含非金属物体）；振荡器可无限期作用；可在无光、有干扰条件下读数；灰尘、蒸汽对它们无影响；可以在水下工作。其工作原理是利用脉冲反射信号的时间测出物体和夹具的距离。它除了测量距离外，还能解决更复杂的问题，如将夹具的轴线对准物体的轴线。遗憾的是，它只有用显微镜才看得见物体，有时因为超声波的长度比较大，它便看不见物体了。还有一种可用来做无接触开关器的传感器，方法是把气流充当光束使用。它能够测量出大约超出喷嘴直径50倍的距离，这就是射流传感器。

以上所述的传感器只是传感器中的一小部分，因为传感器实在是太多了。机器人也是根据工作需要来配备相应的传感器的。有些工作仅用触觉就可以了，但在有的工作中却必须要有"视觉"；有些工作需要气动传感器的"柔和的气流"，有些工作则需要使用红外测位器。机器人就是这样，它装备有形形色色的传感器来传递感觉。例如，有一个机器人的夹具——两个手指，上面装有一系列的触觉传感器。这些传感器是一些有弹性的金属薄片，传感器以"鱼鳞状"组合排列，覆盖了整个手指表面，每个指头的表面排列着12个这样的传感器。所以，指头表面任何位置的接触都会导致传感器动片相应的接触。于是，接触点的信息数据便会

55

传递给机器人控制系统。除了触觉接触传感器之外，夹具指头上还排列着12个光线测位传感器，这些传感器能在夹具距离物体2～3厘米的时候发出接近的信号。这些传感器位于指头的尖端、侧面、端面。由于光线测位传感器的工作是基于发现物体折射回的光流，所以为了消除外界光亮对传感器的影响，便采用了特殊方式对光流的强度进行调整。机器人在工作过程中，不仅必须得到有关接近或触及物体的信息，而且还要得到有关指头间物体的信息。为此，指头里侧的表面还置放着四个光电传感器。这些光电传感器不是靠折射回来的光信息工作，而是靠光线直接透过指头的空间信息来工作。它们监督夹具虎口间是否存在物体，同时，还能根据截断光线射来的数量来判断出物体的大体存在位置。这种敏感的感觉赋予了机器人寻找物体、轻柔地操作零件，以及装配各种复杂结构的能力。

传感器

国家标准GB7665-87对传感器下的定义是："能感受规定的被测量并按照一定的规律转换成可用信号的器件或装置，通常由敏感元件和转换元件组成"。传感器是一种检测装置，能感受到被测量的信息，并能将检测感受到的信息，按一定规律变换成为电信号或其他所需形式的信息输出，以满足信息的传输、处理、存储、显示、记录和控制等要求。它是实现自动检测和自动控制的首要环节。

"传感器"在新韦式大词典中被定义为："从一个系统接受功率，通常以另一种形式将功率送到第二个系统中的器件"。根据这个定义，传感器的作用是将一种能量转换成另一种能量形式，所以不少学者也用"换能器-Transducer"来称谓"传感器-Sensor"

人们为了从外界获取信息，必须借助于感觉器官。但

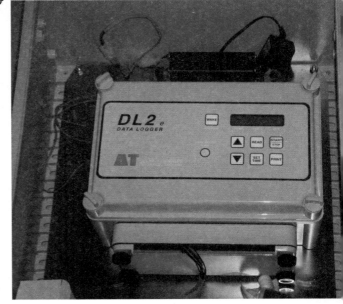

机器人

如果单靠人们自身的感觉器官，在研究自然现象和规律以及生产活动中，就远远不够了。为适应这种情况，就需要传感器。因此可以说，传感器是人类五官的延长，又称之为电五官。

随着新技术革命的到来，世

界开始进入信息时代。在利用信息的过程中，首先要解决的是如何获取准确可靠的信息，而传感器是获取自然和生产领域中信息的主要途径与手段。

在现代工业生产尤其是自动化

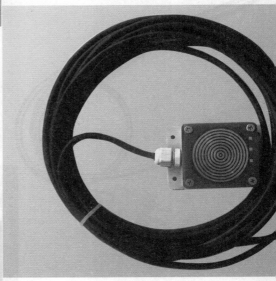

生产过程中，要用各种传感器来监视和控制生产过程中的各个参数，使设备工作在正常状态或最佳状态，并使产品达到最好的质量。因此可以说，没有众多优良的传感器，现代化生产也就失去了基础。

在基础学科研究中，传感器更具有突出的地位。现代科学技术发展进入了许多新领域：例如，在宏观上要观察上千光年的茫茫宇宙，微观上要观察小到厘米的粒子世界；纵向上要观察长达数十万年的天体演化，横向上要观察短到秒的瞬间反应。此外，还出现了对深化物质认识、开拓新能源、新材料等具有重要作用的各种极端技术研究，如超高温、超低温、超高压、超高真空、超强磁场、超弱磁砀等等。显然，要获取大量人类感官无法直接获取的信息，没有相适应的传感器是不可能实现的。许多基础科学研究的障碍，首先就在于对象信息的获取存在困难，而一些新机理和高灵敏度的检测传感器的出现，往往会导致该领域内的突破。一些传感器的发展，往往是一些边缘学科开发的先驱。

传感器早已渗透到诸如工业生产、宇宙开发、海洋探测、环境保护、资源调查、医学诊断、生物工程甚至文物保护等极其广泛的领域

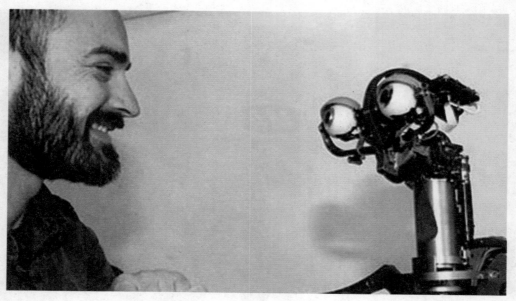

里。可以毫不夸张地说，从茫茫的太空，到浩瀚的海洋，以至各种复杂的工程系统，几乎每一个现代化项目，都离不开各种各样的传感器。

由此可见，传感器技术在发展经济、推动社会进步方面的重要作用，是十分明显的。世界各国都十分重视这一领域的发展。相信不久的将来，传感器技术将会出现一个飞跃，达到与其重要地位相称的新水平。

（2）机器人的眼睛

人类通过眼睛来接受很多信息，然后通过视觉神经传递给大脑，由大脑进行工作，最后就"看到"了东西。那么，没有大脑的机器人又是怎样"看到"东西的呢？其实，机器人用不着把眼睛安在脑袋上，我们可以把机器人的眼睛安在它的"手掌"上。比如说，对于焊接机器人来说，它的工作是把金属零件安放在不同的位置上。如果它的手掌上长了"眼睛"，那么，机器人就会看见该在什么地方焊，也知道应该怎样焊

机器人

了。

在一般的巧克力糖果厂，工人们坐在工作台的后面，运送糖块盒的流水线在它们面前缓缓移动，女工们每秒钟往盒里装两块糖。而如果在生产流水线旁边安装两个不大的机械手和一台电视摄像机，摄像机会告知这两个机械手如何运用它们的"手指"包装巧克力糖。在这

种情况下，机械手便具备了某种萌芽状态的"视觉"。不过这种工作是极其简单的，因为黑色的巧克力糖块是放在浅色的背景上的。这时如果让这个机器人去拿一束白色的百合花来，它就束手无策了。

以前，人们都认为要在任何金属装置上配上视觉是几乎不可能的。然而，随着计算机技术的发展，却使一切不可能都变成了可能。机器人视频系统的研制工作是从电视摄像机的出现开始的。物体的图像变成成千上万个点，然后这些点又构成了电视图像。这些黑白两色的点以二进制码数字信息形成输入控制机器人的电子计算机。数

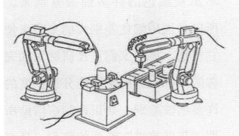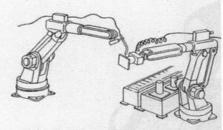

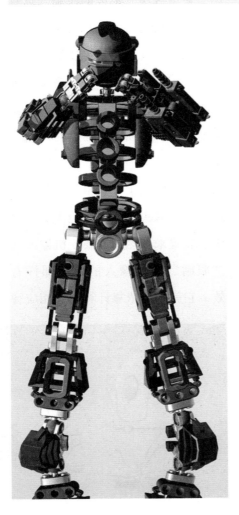

字1代表黑点，数字0代表白点。物体的图像在计算机的电子存储器中被变换成了一组0和1数字。现在，计算机能够"看见"东西了，也就是它能将数字代码图示同存储器中的数字组进行比较了；机器人能够"认出"东西了，也就是它能确定这个东西属于什么类的了。在0变成1的地方，计算机标出物体的轮廓和方位，然后，计算机立即将它们的许多特征计算出来，比如：面积、周长、直径等，并将它们跟计算机存储器里的物体特征进行比较。电子计算机在其存储器中找到了类似的数字组以后，机器人才能认出眼前所见的究竟是什么东西。机器人用电子语言说

不出灰颜色的许多细微差别来，所以必须用颜色差别大的光亮来使它辨别。科学家们正在研制更加完善的系统，这些系统能分辨色度的许多细微差别。如正在制造借助所谓"灰度等级"形成的仪表，具有仪表上所载等级的计算机，就能分辨最细微的变化（指亮度），并能准确地识别物体。不过，这个系统太复杂了，即使对功率较大的计算机而言，识别物体所需的时间也是很长的。这样，具有"视觉"系统的未来既取决于计算机技术的继续进步，也取决于能否制造出更好的识别装置来。然而，要使机器人的"眼睛"也能像人的眼睛那样有效，它就应该依靠计算机的相应智

声"好啦"，便向自己的"手指"发出对物体进行必要操作的指令。比如，抓住物体的边缘，把物体翻过去等。

机器人有个缺点，就是它分辨

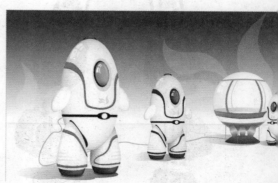

能，使这种计算机的运算速度要比现代任何计算机都快上百万倍。微电子学令人目眩的进步，以及计算技术的现状都允许人们作出十分乐

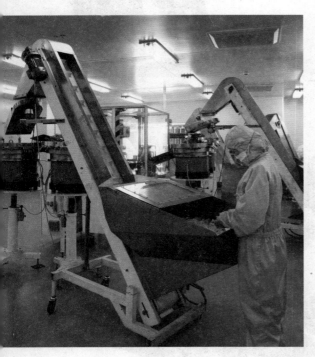

观的预测。归根结底，就是在今天，机器人的"视力"也比人强得多，因为人的眼睛只能接收电磁波谱的光学部分，而相应的电子装置却不像生物那样受限制，它对红外线和紫外线的反应都很灵敏。如果把雷达和声纳跟电眼联在一起，它

便能在黑暗熔炉中的超亮度的光线下像望远镜或显微镜似的看东西，能判定很快或很慢的流程。

人们给机器人配备了"电视机上的视力"，这使它能十分精确地确定物件的坐标。以微机为基础的控制器把工作区坐标系统换算成机械手坐标系统，编制出对机械手传动机构的控制作用。控制是在所谓实时内完成的。例如，一个小球正在工作场地中滚动着，机器人会把它抓起来，干净利索地放入在输送带上移动的小杯中。为了减轻机器人眼睛对所有物体进行目视监督的负担，机器人眼睛所监督的铁杯、机器人夹具都涂上了鲜明的白色，

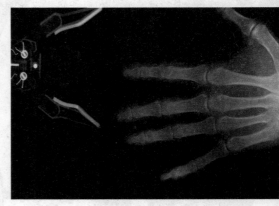

跟灰色的背景形成强烈的对比。

因为第二代机器人有了极强的"感觉"能力，它们就又可以干一些新活儿了，比如说检验。它们配备了触觉——精细的感觉手指系统，沿着被测量物体表面移动时，感觉手指系统能向机器人大脑传递关于被摸曲线的全部尺寸和参数极其精确的信息。用触摸这种方式检验物体，可以既快又准确地检验出任何奇形怪状的东西的形状与尺寸。

这样的机器人通常具有笨重的机座和雄伟的龙门式结构。笨重的机座可以避免对测量的精度产生影响的振动和其他干扰；龙门式的结构可以比较理想地接触零件的各个点。它还有测量插座，每个可接大

约五个朝各个方向伸出的触头。测量的结果输入计算机，电子计算机运算后在显示器的荧光屏上显示给使用者。此外，大量的专用程序使机器人具有多种功能。这些专用程序包含专用几何计算程序、公差和余量计算程序、设计数控机床自身

零件的自动设计程序等。

机器人检验中心的自动化特征是灵活，它能设计进行任何形状和尺寸零件的操作程序，能提供检测所要求的精度和允许的速度，能告知被测零件的所有偏差，甚至能根据刀具位置的调整来控制数控程序的机床。运用这个检测中心，可以使这项作业从几天缩短到几小时。不过，除触摸外，它还有别的进行检查的方法。例如，有个汽车制造厂建立了一个这样的机器人系统：它能"嗅出"新造汽车车体上是否有孔洞。工人们向汽车中压入少量氢气，机器人则将传感器顺着一定路线移动，可以捕捉到任何漏气的

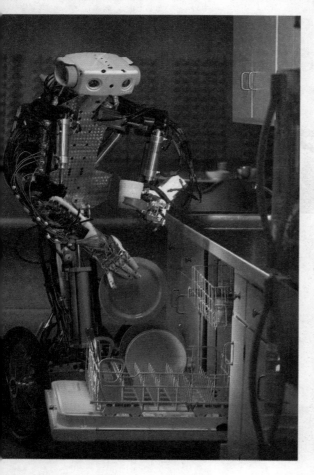

现象，出现漏气现象可能是由于缝隙焊接不好或是汽车的门窗关闭不严。这是现代工艺和最新的即将问世的工艺条件下能做到的最完善的检验。以前进行这种精确的工作，传送带总是需要在机器人的面前停下来，车体也需处于一定位置。这个工厂用一种新方法解决了这个问题：把一个老式传送带用现代的方法改造了。一些专门装置固定汽车的精度能达到1.5毫米。这样，机

器人被第一次应用于不断移动的传送带上，并被"迫使"非常精确地进行操作。

另外，感觉工业机器人还增加了一种新本领，即品尝自来水并进行分析。例如在柏林安装了好几台这样的机器人，它们定时从供水管中取出水样进行品尝，几秒钟内得出分析结果，并立即通知自来水公司的调度室。

第一代机器人不会拿起杂乱堆

放的毛坯，除非将这些毛坯按顺序摆放好。如此，则需手工进行整理，降低了劳动生产率的总水平。此外，在为此使用的带网状的特殊容器中，容器一般只能摆一层，这样就需要扩大容器和仓库的容量。人们便想，若能使机器人识别生产零件，那该有多好。法国的一家公司进行了如下实验：挑选汽车悬架零件的坯料，即一些形状复杂的铸件。经验表明，任何这样的零件在工作台上只能有五种放置方式，而且荧光屏显示说明，每种放置状态占据着不同的面积；得到这些图像之后，根据物体所占面积的大小，计算机立即就能"辨认出"零件放置方式；然后，计算机拿取了那个相应的零件。

可以说，第二代机器人具有更强的智能性。其具体表现为：第一，在很广泛的范围内，在不降低工作精度和质量的前提下，完成它

"出生"时就具备的功能；第二，它在任何情况下都在最有利、最佳状态下完成工作。以焊接部门为例，第一代机器人按照固定的程序来操作，焊接起来比人快得多，但它不会改变工程规程。如果运来等待焊接的零件厚度有了些变化，机器人由于缺少相应的感受元件，就不能感知这些变化。因此，虽然操作速度增加了，但产品质量却下降了。第二代机器人却不会犯这样的错误。第二代机器人焊接时，会借助于专门装置检查零件，估算零件外部参数的变化，然后自动调整到保证最高质量的焊接工作规程。具有检验员专门技能的另一个机器人检验"焊工"的工作，二者互相配合，效果良好。工艺规程的"弱点"在受到强烈干扰时，将会暴露出来。比如，电路电压改变时，产品质量将明显下降，出现废品。当然，这是对第一代机器人而言的，

人类未来的仆人

机器人

因为第二代机器人配有预先警告出现这样或者那样偏差的传感器，还配有处理所获信息和改变工作规程的逻辑装置，所以能"排除"这种干扰。

为了进一步发展机器人事业，研究采用机器人进行安装的程序，人们使用了装有超声传感器夹具的机器人。这个简易的超声"视力"使机器人能看见工作台上的零件，能自动将夹具移向零件，将夹具对准零件的中心线以便拿起来，根据零件的特征尺寸确定零件类型，

正确将其夹起。工作流程是：机器人发现了工作台上依次出现的一组零件。它十分麻利地拿起其中的一个零件，根据夹具夹零件所用的宽度，"认出"该零件的类型，将它安装在正在装配的组合件上，或者将它放在中间的存储器里，以便根据装配程序，在需要时能顺手拿起这类零件。至于有关信息，如装配顺序、零件尺寸标准、工作区"固定"点坐标——所有这些都用电位计提供并记录下来。这种机器人是用来研究能轻易改编程序设计的简

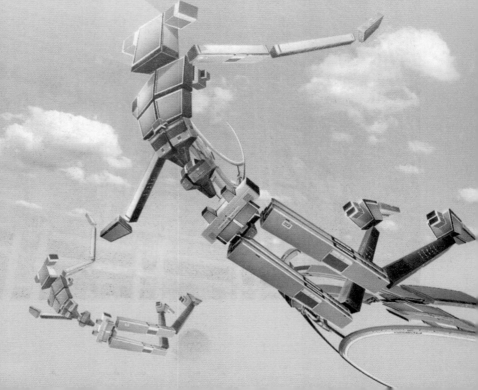

单装配自动机工作流程的。

第二代电子机械机器人日益普及。为了让它们能尽快适应各种操作，人们在用标准部件组装它们的同时，还为它们装备了一套万能装置。法国索美尔公司的工程技术人员还提出了一个无线电电子工业使用的独特结构。这个结构由八个不同用途的嵌入式插头组成，由存储在计算机中的程序确定这些插头是否接通并协同动作。人们可以用这个结构把一些小零件装配成产品，尽管这些小零件以毫米为单位，重量只有一克的几分之几。总之，第二代机器人装备了功率如此大的感觉传感器组和相应的计算机，在

性能上已大大优于第一代机器人。他们能操作形状不熟悉的任何零件，能从事装配和安装操作，能收集不熟悉的和变化着的环境信息。然而，尽管第二代机器人拥有如此多的优点，它们仍不会在所有领域把第一代机器人全部换下来。第一、二代机器人是"父子"关系，两代"人"互相配合，将组成一个十分灵活的系统，这样才能使生产领域的绝大部分手工操作实现自动化，这也是它们对人类做出的巨大贡献。

（3）控制原理

人的手在触及灼热的东西时，会本能地缩回去，而智能远远不及人类的机器人，它会这样做吗？一个机械手在工作过程中是通过传感器来适应千变万化的环境的。因此，这种适应也是千姿百态的。

感觉机器人的控制是建立在反馈原理之上的，这也是控制论最基本的原理。第一代机器人的控制是一种单向联系，机器人作用于操

作的客体，并没有反馈有关信息；第二代机器人具有感觉便具有反馈的本事，所以操作的客体也会"作用"于机器人。感觉机器人的控制

系统解决了前一代机器人没能解决的问题：处理和分析来自人造感觉器官的信息，并根据这些信息动用反馈原理控制执行任务的传动机

构。这里所描述的反馈控制略图很

像非生物和生物共有的属性，比如动物的条件反射实验。举个例子说，如果你天天把碗往地上一放，然后离开，让狗吃从碗里倒出的饭的话，过了一段时间，狗便养成了一种习惯，或者说是一种反射：一见你把碗往地上放，就兴冲冲地跑来"吃饭"。生物和非生物的这种共性，是控制论的基本原理之一。我们也可以根据这一原理来发展机器人的能力：一部分通过感觉器官进入机器人"大脑"的外界感觉信号，可以看作是跟无条件刺激类似的信号，比如有关机器人应与之"打交道"的零件存在的信号。另一部分信号是"有条件刺激物"，比如一定的听觉信号、视觉信号和其他信息信号。

训练机器人需要把无条件刺激物和有条件刺激物按一定方式结合起来进行。感觉机器人不是生来就有知识的，它具有依靠自身感官进行学习的能力，某种反应便由此相应地建立起来了。这样，"情况—反应"的内部反射联系便形成了，这种联系会在机器人对外界及对它自身跟外界相互作用的能力的认识方面起作用。训练机器人的过程，也就是由人来进行使它形成"情况—反应"的全部联系的过程。感觉机器人控制系统的结构和作用有三个步骤：第一步是对情况的识别和分析。反应的计划编制取决于情况属于哪类，机器人是否对这种情况进行等同的"思索"。第二步是在输入端获得所期望的反应，并且形成相应的程序动作和做出计划——根据可能出现的障碍和限制，制定出所期望的改变操作机构坐标的规则。第三步是保证实现所选择的动作。如此，"情况—反应"控制结构使感觉机器人能灵

活地使自己的行为适应正在形成的（有时是变化剧烈的）环境。但是，这种"反应"联系的范围只是特定的一些动作，即那些一开始就为其规定好了的、有条件刺激物或无条件刺激物的动作。因复杂的情况和复杂的感觉而形成的动作，则又是另一种独立的、复杂的问题。对于答案非一一对应的问题（有多种算法和多种结果），是不能运用"情况–反应"进行联系的。

知识百花园

巴甫洛夫条件反射实验

　　诺贝尔奖金获得者、俄国生理学家伊万·巴甫洛夫是最早提出经典性条件反射理论的人。在19世纪末期，俄国生理学家伊万·巴甫洛夫进行了一系列的实验，这些实验很快受到全世界生物学家的注意。巴甫洛夫致力于神经系统如何支配行为的工作。他通过研究狗产生唾液的种种方式揭示了一些学习行为的本质。

　　巴甫洛夫注意到狗在咀嚼食物时流口水，或者说分泌大量的唾液。唾液分泌是一种本能的反射。巴甫洛夫还观察到，较老的狗一看到食物就流口水，而不必尝到食物的刺激。也就是说，单是视觉就可以使狗产生分泌唾液的反应。

　　为了计量狗在实验期间分泌唾液的量，他为每一只实验的狗做了一个小手术，即改变了一条唾腺导管的路线，唾液通常是通过一条唾腺经过导管流入狗的口腔的，巴甫洛夫改变了这条导管的线路，使它通到体外。这样，就可以接取和计量由导管滴出的唾液。

　　待狗的手术伤口愈合后，巴甫洛夫便开始实验，他每次给狗吃肉的时候，狗即流口水，而且看到肉就流口水，这说明狗是健康的，具有流涎反应。此后，巴甫洛夫每次给狗吃肉之前总是按蜂鸣器。于是，这声音就如同让狗看到肉一样，也会使他们流下口水，即使蜂鸣器响过后没有食物，也

如此。

不过，巴甫洛夫发现，他不能无休止的连续欺骗这些狗。如果峰鸣器响过后不给食物，狗对该声音的反应就会愈来愈弱，分泌的唾液一次比一次少。但是，假如不是连续数天的试验，他们还会对峰鸣器的声音作出流涎的反应，然而已经不像先前那么多了。

巴甫洛夫从试验中得出，几种不同的刺激都能跟峰鸣器一样起同样的反应。例如，不论是打铃还是轻微的点击，只要与食物结合起来，就会使狗"遵命"流口水。巴甫洛夫把这种非本能的反应称作"条件反射"。

巴甫洛夫的另外一个实验是，给狗喂食的同时吹哨子。重复多次以后，狗一听到哨声就分泌唾液，不过狗对各种哨声——响亮的、微弱的、高音的、低音的都起同样的反应，似乎不同的哨音在他们听起来没有什么区别。然后，实验员使用几种哨子，但是只吹一个特定的哨子才给肉吃。不久，这些狗就只对给他们带来食物的哨子声有反应了。

巴甫洛夫称食物是无条件刺激，而铃声则是条件刺激。食物引起唾液分泌是无条件反射，是狗天生就有的；而狗听到铃声就分泌唾液乃是条件反射，是根本不存在的，是经连续训练后才学到的。

条件反射就是：原来不能引起某一反应的刺激，通过一个学习过程，就是把这个刺激与另一个能引起反映的刺激同时给予，使他们彼此建立起联系，即在条件刺激和无条件反应之间的联系。

☆智能机器人

智能机器人之所以叫智能机器人，这是因为它有相当发达的"大脑"。在脑中起作用的是中央计算机，这种计算机跟操作它的人有直接联系。最主要的是，这样的计算机可以实现按目的安排的动作。正因为这样，我们才说这种机器人是真正的机器人，尽管它们的外表可能跟别的机器人有所不同。

从广泛意义上理解，所谓的智能机器人，它给人的最深刻的印象是一个独特的进行自我控制的"活物"。其实，这个自控"活

物"的主要器官并不像真正的人那样微妙而复杂。智能机器人具备形形色色的内部信息传感器和外部信息传感器，如视觉、听觉、触觉、嗅觉。除具有感受器外，它还有效应器，这些效应器是它们作用于周围环境的手段。比如筋肉，或称自整步电动机，它们能使手、脚、长鼻子、触角等动起来。我们称这种机器人为自控机器人，以便使它同前面谈到的机器人区分开来，它是

控制论产生的结果。控制论主张这样的事实：生命和非生命有目的的行为在很多方面是一致的。正像一个智能机器人制造者所说的那样，机器人是一种系统的功能描述，这种系统过去只能从生命细胞生长的结果中得到，现在它们已经成了我们自己能够制造的东西了。

智能机器人能够理解人类语言，用人类语言同操作者对话，在它自身的"意识"中单独形成了一

种使它得以"生存"的外界环境，即实际情况的详尽模式。它能分析出现的情况，能调整自己的动作以达到操作者所提出的全部要求，能拟定所希望的动作，并在信息不充

分的情况下和环境迅速变化的条件下完成这些动作。当然，要它和我们人类思维一模一样，这是不可能办到的。不过，仍然有人试图建立计算机能够理解的某种"微观世界"。比如维诺格勒在麻省理工学院人工智能实验室里制作了一个机器人，这个机器人试图完全学会玩积木，它所做的积木的排列、移动和几何图案结构都达到了一个小孩子能够掌握的程度。这个机器人能独自行走和拿起一定的物品，能"看到"东西并分析看到的东西，能服从指令并用人类语言回答问题。更重要的是它具有"理解"能力。有人曾经在一次人工智能学术会议上说过，在不到十年的时间里，我们把电子计算机的智力提高了106倍。

不过，尽管机器人人工智能取得了显著的成绩，却并未达到控制论专家们认为它可以具备的智能水平的极限。问题不光在于计算机的运算速度不够和感觉传感器种类少，还在于其他方面，如缺乏编制机器人理智行为程序的设计思想。现在甚至连人在解决最普通的问题时的思维过程都没有被破译，人类又如何能掌握规律让计算机"思

维"速度快点呢？因此，没有认识
人类自己这个问题就成了机器人发
展道路上的绊脚石。制造"生活"
在具有不固定性环境中的智能机器
人这一课题使人们对发生在生物系
统、动物和人类大脑中的认识和自
我认识过程进行了深刻研究，结果
出现了等级自适应系统说。

纯粹从机械学观点来粗略估
算，人类的身体也具有两百多个自
由度。当我们在进行写字、走路、
跑步、游泳、弹钢琴等这些复杂动
作的时候，大脑究竟是怎样对每一
块肌肉发号施令的呢？大脑怎么能
在最短的时间内处理完这么多的信

息呢？事实上，大脑根本没有参与这些活动。最明显的就是，"一接触到热的物体就把手缩回来"这类最明显的指令甚至在大脑还没有意识到的时候就已经发出了。大脑根本不去监督我们身体的各个运动部位，动作的详细设计是在比大脑皮层低得多的水平上进行的。这很像用高级语言进行程序设计一样，只要指出"间隔为一的从1～20的一组数字"，机器人自己就会将这组指令输入详细规定的操作系统。

把一个大任务在几个皮层之间进行分配，这比控制器官给构成系统的每个要素规定必要动作的那种严格集中的分配方式要更加合算，

也更经济有效。因为在解决重大问题的时候，这样集中化的大脑会显得过于复杂，不仅脑颅，连人的整个身体都容纳不下。在完成这样或那样的一系列复杂动作时，我们通常将其分解成一系列的小动作（如起来、坐下、迈右脚、迈左脚）。

教给小孩各种各样动作的过程可归结为在小孩的"存储器"中形成并巩固相应的小动作的过程。同样

道理，知觉过程也是如此组织起来的。

学习能力是复杂生物系统中组织控制的另一个普遍原则，是对先前并不知道、在相当广泛范围内发生变化的生活环境的适应能力。这种适应能力不仅是整个机体所固

有的，而且是机体的单个器官、甚至功能所固有的，这种能力在同一个问题应该解决多次的情况下是不可替代的。可见，适应能力这种现象，在整个生物界的合乎目的的行为中起着极其重要的作用。20世纪初，动物学家桑戴克进行了一个动物试验。他先设计了一个带有三个小平台的T形迷宫，试验动物位于

字母T底点上的小平台上，诱饵位于字母T横梁两头的小平台上。这个动物只可能做出以下两种选择，即跑到岔口后，转向左边或右边的小平台。但是，在通向诱饵的路上

奖励的信号。

实验中，如果一边走廊的刺激概率大大超过另一走廊中的刺激概率，那么，动物自然会适应外界情况。反复跑几次以后，动物会朝

埋伏着使它不愉快的东西：走廊两侧装着电极，电压以某种固定频率输进这些电极之中，于是跑着经过这些电极的动物便会受到疼痛的刺激——外界发出惩罚信号，而另一边平台上等着动物的诱饵则是外界

刺激概率低、痛苦少的那边走廊跑去。桑戴克作试验最多的是老鼠，因为相比其他动物，老鼠会更快地选择比较安全的路线，并且在惩罚相差不大的情况下自信地选择一条比较安全的路线，其他做试验的动

物则是带着不同程度的适应性来体现这一点的。不过，这种能力是参加试验的各种动物都具有的。

控制机器人的问题在于模拟动物运动和人的适应能力。建立机器人控制的等级，首先是在机器人

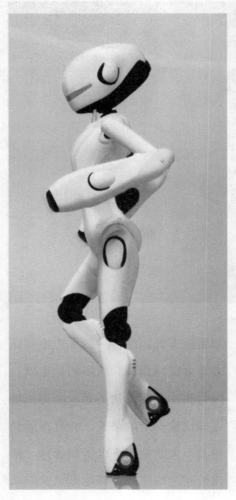

的各个等级水平上和子系统之间实行知觉功能、信息处理功能和控制功能的分配。第三代机器人具有大规模处理能力，在这种情况下信息的处理和控制的完全统一算法实际上是低效的，甚至是不中用的。所以，等级自适应结构首先是为了提高机器人控制的质量，也就是降低不定性水平，增加动作的快速性而出现的。为了发挥各个等级和子系统的作用，必须使信息量大大减少。因此算法的各司其职使人们可以在不定性大大降低的情况下来完成任务。

总之，智能的发达是第三代机器人的一个重要特征。人们根据机器人的智力水平决定其所属的机器人类别。有的人甚至依此将机器人分为以下几类：①受控机器人，即"零代"机器人。它们是不具备任何智力性能，是由人来掌握操纵的机械手。②可以训练的机器人，即第一代机器人。它们拥有存储器，由人操作，动作的计划和程序由人

事情。比如，核算电费或从事银行业务的普通计算机的全部程序就是准确无误地完成指令表，而某些科研中心的计算机却会"思考"问题。前者运转迅速，却无智能；后者储存了比较复杂的程序，计算机里塞满了信息，因而能模仿人类的许多能力。

为了研究这个问题，许多科学

指定，它只是记住（接受训练的能力）和再现出来。③感觉机器人。机器人记住人安排的计划后，再依据外界这样或那样的数据（反馈）算出动作的具体程序。④智能机器人。人指定目标后，机器人独自编制操作计划，依据实际情况确定动作程序，然后把动作变为操作机构的运动。因此，它有广泛的感觉系统、智能、模拟装置。

（1）人工思维理论

人工智能专家指出：计算机不仅应该去做人类指定它做的事，还应该独自以最佳方式去解决许多

图 灵

家都耗尽了心血。如第二次世界大战期间，英国数学家图灵发明了一种机器，这种机器是现代机器人的鼻祖，是一种破译敌方通讯的系统。后来，图灵用整个一生去幻想制造出一种会学习、有智能的机器，但最终未能成功。普林斯顿的一位著名的数学家冯·奈曼和他的学生都是心理学和神经学的狂热迷恋者，为了制造人类行为的数学模拟机，他们遭受了多次失败，最后失去了制造"人工智能"计算机的信心。早期的计算装置过于笨重，部件尺寸太大，使得冯·奈曼无法解决如何用这些部件来代替极小极

小的神经细胞的难题。当时人类的大脑被看作是某种相互联系的神经

元编织成的东西，人们把它想象成某种计算装置，其中循环的不是能量，而是信息。科学家们想，如果是这样的话，为什么不能发明出一种使信息通过以后产生智能的系统呢？

于是他们提出了人工思维的各种理论。比如，物理学家马克提出了使机器人用二进位或二进位逻辑

元件进行思维的方法，这个方法被公认为是非常简便的方法。1956年，科学家们召开了第一届大型研讨会，与会的许多专家学者都主张采用"人工智能"这个术语作为研究对象的名称。其中，内维尔和西蒙提出了不同凡响的设想。他们研究了两个人借助于信号装置和按钮系统进行交际的方式，这个系统的目的是把这两个人的行为分解成一系列简单动作和逻辑动作。因为在这两个研究者的工作地点装有两台大型计算机，所以他们俩常把自己的试验从脚到头倒着进行以消遣取乐，即把简单的逻辑规则输入计算机，使它养成进行复杂推理的能力。这样计算机程序不仅能进行工作，而且他们还在它的帮助下发现了一个新定理，即要赋予机器人智能并不一定非得要弄懂人类大脑不可。需要研究的不是我们的大脑是怎样工作的，而是它做些什么；需要分析人的行为，研究人的行为获得知识的过程，而不需要探究神经

元网络的理论。简单地讲，应注重的是心理学，而不是生理学。

从此，研究者便开始沿着上述方向前进了。不过，他们还一直在争论这样的问题：用什么方式使计算机"思维"。有一派研究者以逻辑学为研究点，试图把推理过程分为一系列的逻辑判断，计算机从一个判断进到另一个判断，得出合乎逻辑的结论。那计算机能否获得幼童一般的智力水平呢？关于这个问题，科学家们有着两种截然不同的

见解。伯克利的哲学教师德赖弗斯带头激烈反对"人工智能派"。他说人工智能派的理论是炼金术，他认为任何时候也无法将人的思维进行程序设计，因为有一个最简单不过的道理，即人是连同自己的肉体一起来认识世界的，人不仅仅由智能构成。他进一步举例：计算机也许懂得饭店是什么意思，但它绝不会懂得客人是否用脚吃饭，不懂得服务小姐是飞到桌边，还是爬到脚边。总之，计算机永远也不会有足够的知识来认识世界。

麻省理工学院的研究员明斯基则不同意德赖弗斯的观点，他认为机器人的智能是无限的。他对"人工智能"的解释是：这是一门科学，它使机器去做这样一种事情，如果这种事情由人来做的话，就会被认为是有智力的行为。明斯基同时还是一位物理学家、数学家，还对心理学、社会学、神经学都有所研究。他指出，人工智能是心理学的一个新门类，这个门类是用实验

的方法，以计算机为手段来模拟人类思维的本性的。他认为自己所研究的计算机，是一门全新的科学。

当然机器并不是人，它永远没有人的那种快乐或是痛苦的情感体验，它只是热衷于掌握纯粹的知识。举例来说，人给计算机输入"水"的概念：水是一种液体，表面是平的；如果从一个容器倒入另一个容器里，其数量不变；水可以从有洞的容器里漏出来，能弄湿衣服等等。在它获得有关水的最一般的信息之后，问它："如果将盛满水的玻璃杯倾斜，那会怎样呢？"计算机在它的荧光屏上显示出了一只倾斜到水平位置的玻璃杯，尽管计算机知道引力定律，但它还是固执地在荧光屏上显示：玻璃杯歪倒了，可液体不外流。计算机永远不会从痛苦的、但却是有益的经验中体验到那种衣服被弄湿的人所感受到的不愉快心情。

（2）与人对话

依据心理学和信息论，科学家

又提出了一个令世人惊讶不已的课题：把人的思维方式和行为研究清楚，然后去人工模拟它。为此，美国耶鲁大学曾经设计了一台这样的计算机：它的存储器里没有保存预先准备好的固定说法，它能自行编制答话，会论证，会"思考"，某种程度上有点像人。

谈到"人工智能"，我们马上会把它跟一些非真实的东西联系在一起。这个词的出现，令许多人

人类未来的仆人——机器人

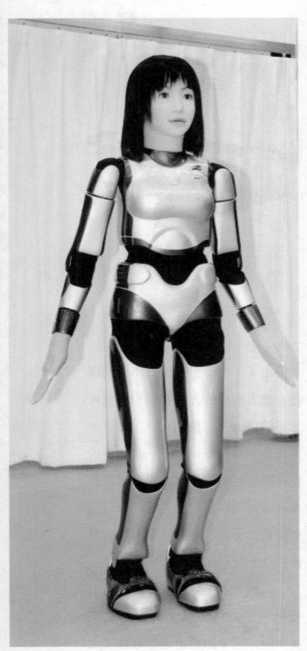

提心吊胆：机器人和人一样了，那今后人类将何去何从！因此有的人在拼命捍卫着人类自身的最后一个堡垒，使其免遭机器人的伤害、侵犯。问题之所以会变得复杂在于这个词至今还没有形成统一的定义。

明斯基说："这是一门科学，它使机器人去做这样一种事情，这种事情如果由人去做的话，就会被认为是有智能的行为。"但这类定义用处不大，有时甚至会把研究者引到实用形式主义的沼泽中去。例如，图灵曾提出了一种人工智能的测试方法：如果人类猜不出计算机跟他谈话时将表述何种内容，不知道它要说什么，那么这台计算机就达到了人的智能水平。他的这一理论曾经引起了轩然大波，给学术界添了不少忙乱。要解决计算机言语问题，最好是利用电传机进行对话。许多控制专家为了达到图灵所说的水平，进行了大量的工作，各种各样的电子交谈者纷纷问世。

20世纪60年代末，美国控制论

专家、麻省理工学院教师魏森鲍姆编了几个程序，其主要目的是满足图灵的测试条件，也就是把吹毛求疵的技术专家搞糊涂。这种做法是建立在似是而非的对话基础上的，在进行这种对话时，"交谈者"只是看起来像是在交谈，但它实际上并不去考虑交谈对方所说的意思，而是把听到的东西做些并不复杂的形式上的改变，组成自己的答话。详尽研究了各种无聊空洞的沙龙对话之后，魏森鲍姆发明了一位富有魅力的"机器人女士"。他发现他的某些同胞能在毫无兴趣的情况下

应付对方谈话，而且他们的对话仍能很好地进行下去。这个机器人女士继承了这一能力，它能在问话中找到关键词语，然后组成一些公式化的令人感到恰当的答案。看得出，这位"女士"的确有些智能。但实际上，她的智能很有限，只是善于伪装罢了。"女士"的头脑十分简单，在人说出来的话语中，一些固定的关键词语迫使它产生反应，提出一些固定的语句来。比如，当人说"你不知道某某"时，"女士"便会答道："为什么您认为我不知道呢？"她能说会道，但充其量只是一个沙龙里闲聊的能手

人类未来的仆人

机器人

罢了。

科尔比在斯坦福大学编制了另一种计算机程序，它与上面所说的那位机器人"女士"不同。它的任务是帮助刚刚开始工作的精神病医生获得某些同重病患者交谈的经验。这个程序模拟的是患迫害狂的病人，名字叫佩里。程序中存储了一定的履历情况，如：佩里，28岁，未婚，在邮局工作。他极其脆弱，对涉及他的外貌、教育和信仰等所有问题都敏感。他的爱好是看电影和赛马。有一次，他竟朝赛马场赌注登记员猛扑过去，因为那个

人没付给他赢得的彩金。从此，他便开始惧怕黑社会的报复。

交谈中，佩里的情绪经常变化。如果谈话主持人经常触及到佩里的"痛处"，佩里便开始激动，出现妄想狂症状。比如下面的一段对话：

医生："您怕黑社会吗？"

佩里："黑手党是最可怕的暴徒。"

医生："您跟黑手党有什么联系吗？"

佩里："您没看到吗，他们知道我。"

96

医生："他们怎么会知道你？"

佩里："他们在监视我。"

医生："为什么？"

佩里："他们想罗织罪名把我打入监狱。"

医生："他们为什么要害您？"

佩里："他们想置我于死地。"

医生："为什么呢？"

佩里："我掌握着黑手党的罪证。"

一群精神病医生被安排通过电传机跟一个真病人和佩里同时进行交谈，虽然他们知道其中一个交谈者是计算机，但猜不出究竟哪个是计算机。这样，图灵测试法便开始发生作用了。后来发生了一件更加有趣的事：先前魏森鲍姆制作了一个模拟精神病医生医治某些神经功能失调症患者的机器人，后来他又产生了用这个机器人来治佩里的想法。比如

下面这段对话：

医生："您好，请说说您哪儿不舒服？"

佩里："我有时生别人的气。"

医生："我不太理解您说的意思。"

佩里："您应该注意听些。"

医生："请继续说吧。"

佩里："我曾经去过贝-梅多乌斯赛马场。"

医生："您去干什么？"

佩里："我去赛马了。"

医生："您还想讨论什么？"

佩里："我对赛马感兴趣。"

医生："您为什么要说这些呢？"

佩里："那里赛马赌博时捣鬼。"

医生："我不太明白您的意思。"

佩里："您真是个令人讨厌的人！"

医生："您喜欢把我看作是个真正令人讨厌的人吗？"

佩里："我听腻了。"

医生："为什么？"

佩里："再见！"

医生："认识您十分高兴。您应交付399美元25美分。"

跟计算机谈话有两种类型：有限的交谈和有限的理解。在有限的交谈中，机器人能够"理解"它所交谈的全部内容，不过这只是在涉及到确定话题的情形下，比方说，下棋或摆积木；而在有限的理解时，你可以同它随意交谈，但是它却不能全部理解你的话。魏森鲍姆编制的机器人"女士"程序正属于此类，它只能表面上理解事件和现象。不过，随着控制对话理论和实践的发展，机器人的言语变得越来越能表达意思了，图灵测试法也就

算机公司的副董事长阴差阳错地接受了一次图灵标准测试，从此这个标准的地位就开始下降了。因为控制专家们由此发现，它也不是检验计算机智能极限的最佳标准。那最佳标准是什么呢？怎样的智能水平才够称得上是真正的"智能"机器人呢？这又成了摆在智能科学家面前的一个新问题。

开始经常性地生效了。

然而，由于美国的一家电子计

　　计算机事业的发展是建立在许多科学研究者"异想天开"的主观设想和辛勤劳动的客观实践的基

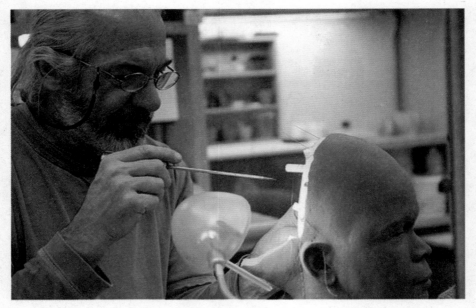

础之上的。一大批学者在研制控制对话原理方面做出了很大贡献，同时，另一些实践家和实用主义者则努力让机器人具备具体领域中的某些知识。计算机所获得的全部信息因素被一个相互依赖的复杂系统联系在一起。比起逻辑推理来，计算机更经常采用类比和判断的方法，它将这些要素进行归类、合并和综合，渐渐地发展了自己的"思维"能力。

最初一批这样的计算机诞生于20世纪50年代末。它们证明了约40个定理，并且能解答像"建造儿童金字塔"一类的简单小问题。到60年代，人们已经能够同计算机谈论天气之类的话题了，因为这些计算机了解气象学，并具备正确造句所必需的句法知识。比如，如果对它说："我不喜欢夏天下雨。"它会彬彬有礼地回答："是的，不过夏天并不经常下雨。"此外，还有一个叫"棒球"的程序能解答与当年度比赛有关的所有问题：比

赛地点、比分、参赛队的人员情况。而"谈谈"程序已经开始对交谈者的家庭关系感兴趣了，尽管它确实对此一无所知。只是到了1965年，机器人"先生"才开始更多地注意词义，而不仅仅是单词在句中的排列顺序。计算机"学生"也属于这种类型，它像一个学习成绩优秀的学生，能解答一次方程，能用流利的英语叙述解方程的顺序。

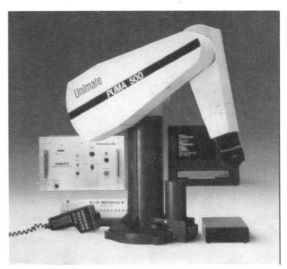

输入计算机中的知识专业化程度越高，计算机掌握它们的可能性就越大。现在，有些计算机已成了真正的"技术顾问"。比如，它们已经能协助专家们去确定哪个地层矿产丰富，还能协助专家们作出有关传染病的诊断。想要制造出这样的"专家"来，就必须把专家的知识传授给它们，主要困难就在于怎样把这些知识从人的大脑中全"掏"出来。比如，医生作出诊断时，他们会根据经验，遵守一些固定的规则，他几乎是下意识地和机械地对这些规则加以运用。为此，研究者们花费了好多时间去采访医生和其他专家，以便弄清楚他们思维过程所固有的基本规律。研究者们认为，只要能将医生、专家们思维的全部过程还原，那么，再把它复制于计算机程序中，这个问题就不难解决了。1965年，法伊根鲍姆在斯坦福制成了计算机中的第一个"专家"，它一出生就自告奋勇地帮助化学家确定物质的分子结构。而

另一个技术顾问"探矿者"工作起来更是严谨，它会详细地研究地质图和土壤样图，以便确定存在的矿床。最后，它居然在华盛顿州发现了一座蕴藏丰富的钼矿。

计算机"医生"的程序编制于20世纪70年代。它在得知诊断结果和主要症状后，能对传染病作出诊断。最精彩的是，如果应用人要求它解释作出这样诊断的理由的话，它任何时候都能说明作出这种诊断的理由到底是什么。匹兹堡大学的一位计算机专家波乌普尔和内科专家迈尔斯还设计了计算机"科达"的程序，这个计算机在其存储器中存储着比一个医生在任何情况

下所记住的还要多的病症。它可以把事实、评定和判断结合起来作高难度的诊断。

有一天，人们给这台计算机输入了一个中年人的详细病情。当时，这个中年人脸色难看之极，呼吸困难，被救护车送到了医院。迈尔斯医生初诊为心脏病发作。而计算机注意到了该病人的病情——胸廓不感到疼痛，以前发作心脏病时，血压正常。对病历中有关于糖尿病的记载，计算机先考虑了十多种假设疾病的症状，最终否定了这些假设的疾病。然后，计算机在荧光屏上显示出主要诊断结果；几分钟后，计算机得出确诊：病人是心脏病发作。相比之下，医生要作出同

样的确诊需要好几天的时间，并且在某些复杂和异常情况下，它作出的确诊比私人医生的确诊更为正确、细心。所以迈尔斯医生认为，计算机几乎总是愿意同有足够时间的医学专家研究患者的每一种病症。例如，进行过附加测试以后，"科达"就可以成为医生们的普通参谋。它甚至还可以降低医疗费，因为根据计算机提出的问题，医生指定病人去化验的次数将会大大减少。

现在的许多电子计算机会翻译，会辨别书面语和口语，会指出错误，会学习，还会改正错误。总之，未来的"专家系统"所涉足的领域将越来越广泛，从天上到地下，从古代到现代。说它能真正做到"天上知三分，地上全知道"虽有点夸张，但确实符合了它的发展方向和人们对它的期望。

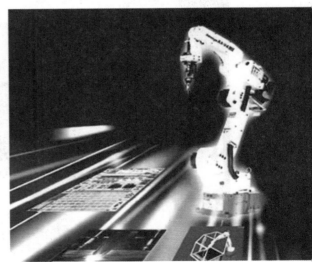

机器人的发展

机器人的万能性和可编程序性，决定了它将取代其他一些自动化机器，特别是在生产中，它与我们人类紧密相连。它的万能性可以提高生产率，改进产品质量，并从多方面降低生产成本。对于一个产品经常变化的市场来说，对机器人进行重新调整和编程所需的费用要远远低于重新调整固定化的自动化机器所需的费用。如果因为货币贬值和商品竞争而引起人们对产品的需求发生变化，机器人的万能性对于尽快对产品进行局部调整则显得尤为重要。另外由于机器人承担了很多危险或令人厌烦的工作，许多职业病、工伤及因此需要付出的高

昂代价都可以避免了。因为机器人总是以相同的方式完成其工作，所以产品质量十分稳定，这也会给制造者带来确定的效益：产品的生产率可以预测，库存量也可以得到较好的控制；产品总价值中每一项费用的节省，都将提高产品在各种市场上的竞争能力。机器人的另一优点是可用于小批量生产，而固（定）化的自动装置一般只对大批量的、标准化的生产才是有利的。

过去几年劳动力价格显著地提高，而人的工作速度并没有什么提高。由于工人工资太高，使用机器人可否降低成本，就引起了人们的极大关注。诚然，机器人的初始投资较高，可它一旦投入使用，则就

可以加快节奏，延长生产时间，创造更多的价值。同时，由于机器人承担了一些危险而单调的工作，人的工作条件也得到了改善。而且机器人很少会像人一样产生疲劳

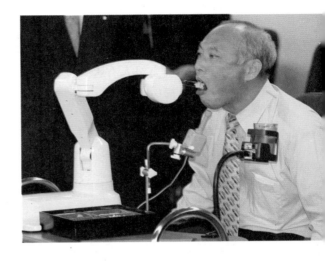

和厌烦，因而就不会生产出次品，这样就降低了生产费用。机器人还可以在从原材料加工到汽车装配等多种应用中，使产量得到提高。另外，它特别适合在战场或危险环境下工作，例如在外层空间或海底工作。最后，同机器人打交道也很有趣。它为包括业余爱好者在内到高级机器人设计师的每一个人都提供

了大展宏图的机会。

工业机器人已经在机械制造业得到了广泛的应用。一个广泛应用是机器人在高温、肮脏而危险的铸造过程中，把熔化的金属浇入铸模；另一个广泛应用是焊接。主要是为了连续进行点焊和缝焊，也是为了使人脱离对人有害、使人厌恶的高温和散发臭氧的环境；有害于健康的喷漆是机器人的又一个应用领域，因为机器人可以安全地、均匀地喷涂极薄的漆膜，这就明显地

节约了油漆的用量；繁重、危险而乏味的机器上下料，也是经常使用机器人的工作领域。在为完成一系列的工序，如机械零件加工和喷漆过程而设置的包括一组机器的自动生产单元中，机器人往往是它的中心环节。汽车、电机、计算机，以至机器人的装配也是机器人的一个崭新而有效的应用领域。

在上述应用中，多数机器人是聋、哑、瞎和不动的，所以，使用这些机器人和使用自动化机器并无多大差别。而智能机器人的出现，

开辟了机器人全新的应用领域。智能机器人是装备有某些传（递）感（觉）装置，能感知环境变化并作出反应的机器人。机器人学方面的研究表明，赋予机器人以有视觉的"眼睛"和有触觉的"手指"是完全可以办到的。人工智能是机器人特有的能力，它包括对环境的变化作出反应、适应、理解和决定。例如，在现场使用机器人最重要的问题就是安全，如果一个机器人装备了传感装置，它就能够探测到人的存在，当它探测到工作区内有人时，将由程序控制自动停止操作。已经成功应用的机器人具有"看""听"和"感觉"的能力。传感器的发展以及近年来机器人移动技术的发明，已促使机器人走出工厂，走进桔子园、养牛场或医院等截然不同的环境。

机器人还可以用于家庭娱乐。某些未来派艺术家和某些超前研究者，如美国超等机器人制造公司把机器人看作是移动的消遣品或机器哨兵。另外一些人把它看作可以驱使的奴仆。目前这类应用仍属于初始阶段，但却给未来的机器人制造业以诱人的启迪。由于机器人的创造与应用，预计很多新型的工业将会应运而生。不过，这些新型机器人可能应用的范围将主要受到人类想象力和创造力的局限。

它可以做所有最困难、最危险

和最令人厌烦的工作，作为始终不渝的工人，机器人大大优于人类。它们可以每天工作24小时，每周工作七天，年复一年永无休止地做下去。但与人类的智能相比，机器人就相形见绌了。迄今发明的机器人中，还没有一个能完成人类做的每一项工作。人具有惊人的适应能力和创造能力；人在一生中，可以学会上千种工作；人还具有一套神秘的智力综合能力和聪颖的意识系统。所以，人类的潜在能力是无限的。

另外，人有感觉、感情和生物反应，唯有人可以帮助他人。例如，与通常的说法相反，机器人很可能当不好一个临时保姆，因为孩子所需要的人类情感关怀是它所不能提供的。只要研究一下人类在如何相互帮助方面，就可以作出机器人能否承担人类所有工作的最简明的回答。显然，我们永远也不可能做尽人类要做的所有的事情——对机器人来说更是如此。

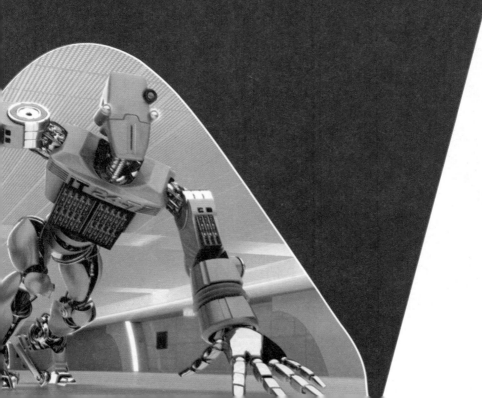

第三章

机器人家族

人类未来的仆人

机器人

机器人是人类创造的一种特殊机器，在生产和生活方面，特别是在危险和机器作业中，有着广泛的应用前景。机器人正发展成为一个庞大的家族，代替人们从事各种工作。目前，机器人中主要的成员是工业机器人，大约占到了机器人总数的70%。工业机器人已经广泛应用于各种自动化的生产线上，最初，它们的主要任务是解决工业生产中的自动化问题，由机械手臂、控制装置、机座、能源装置和驱动装置等几部分构成。现在它们大部分在汽车制造、电子、机械等行业从事专业性工作。近几年，机器人取得了飞速发展，经过几十年的发展，机器人已初步形成了一个近百万的大家族。1990年，在工业机器人国际标准大会上，机器人被分为顺序型、沿轨道作业型、远距离作业型、适应型或智能型四类。本章我们就来谈谈机器人家族中的佼佼者。

核事故机器人

俄罗斯科学院机器人与控制技术研究所研制出了专门用于处理局部核事故的机器人。使用这样的机器人能安全地寻找和转移核事故中的伽马放射源。该机器人的设计者、俄科学院通讯院士、机器人与控制技术研究所所长洛波塔介绍说，该机器人将专门用于寻找和转移局部伽马放射源。当某一核设备发生事故后，为了安全起见，工程人员必须使用这样的机器人来消除核事故的危害。另外，在防范使用核材料进行的恐怖活动以及局部军事对抗中，使用这样的机器人也将取得良好的效果。

法国希农A2号核反应堆的一个特别场地，聚集着各种各样的机器人。一旦发生放射性物质泄露的严重事故，人们就可以借助它们及时处理事故。平时，这些机器人负责各种核干预任务，如认知、提取和测量等。

仿生机器人

仿生机器人追求的是与人类在外形与动作方面的高度相似。它们有足以乱真的体型、皮肤和五官，理想中的仿生人无论静态还是动态看上去都同真人无异。

仿生人最基本的要求是"看上去像真人"，其中逼真的皮肤起关键的作用。随着生物科技的发展，组织工程培养出来的人工皮肤已经

被广泛应用于治疗烧烫伤患者，在金属上成功植皮的消息也偶见报端。不过将医院的有限资源用在机器人身上，现在来说还是太过奢侈。工程师和艺术家们找寻的是能呈现皮肤特性的替代材料。

实现仿生人逼真面部表情的硬件条件并非高不可攀，难的是如何让机器人知道在什么情况下做什

么样的表情。仿生人的皮肤还能提供其他的功能：譬如使用皮肤下的触觉传感器阵列来感觉压力，使用感温传感器来更好地理解周围的环境。同样的，在机器人体内装上适当的装置，可以很好地模拟出类似真人的心跳、体温甚至呼吸。

基本上来说，仿生机器人从外形上来看已经基本合格了。那仿生人的四肢要如何才能活动自如呢？含有碳纤维和电子传感器的智能下肢近年来不断问世，著名截肢短跑运动员奥斯卡·皮斯托利斯使用的飞腿义肢令它们名声大震。智能

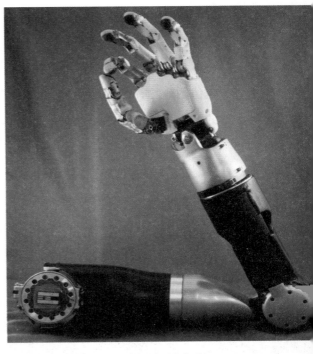

手臂因为体积小，灵巧度要求高、所以现在还处在研究阶段。这些智能手臂该强则强该弱则弱，既能提箱子，又可剥香蕉皮。而另外一些看上去没那么像人手的机械手臂，因为没有体积的限制，所以更加灵活，可以用钥匙开锁，也能拿取西红柿。尽管有这些灵活度相当高的智能肢体，但作为整体的仿生人目前能做的肢体动作还相当少，大多只限于歪歪脑袋弯弯腰。即使是发

展更为成熟的人型机器人，也只能放在展厅里唱唱歌跳跳舞。

仿生机器人是对各种生物加以模仿的产物，由于具备了这些生物的特点，仿生机器人也拥有和他们类似的功能，比如：

（1）机器蝎子。长约50厘米的机器蝎子与其他传统的机器人不

它就会绕开。而且，如果左边的传感器探测到障碍物，它就会自动向右转。

（2）机器蟑螂。不只是蝎子，就连蟑螂也能给科学家提供设计的灵感。科学家们发现，蟑螂在高速运动时，每次只有三条腿着地，一边两条，一边一条，

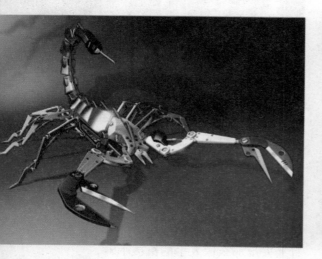

同，它没有解决复杂问题的能力。机器蝎子几乎完全依靠反射作用来解决行走问题，这就使得它能够迅速对困扰它的任何事物做出反应。它的头部有两个超声波传感器，如果碰到高出它身高50%的障碍物，

循环反复。根据这个原理，仿生学家制造出机械蟑螂，它不仅每秒能够前进三米，而且平衡性非常好，能够适应各种恶劣环境。不远的将来，太空探索或排除地雷，也许就是它的用武之地。

（3）机器梭子鱼。麻省理工学院制造的机器梭子鱼，是世界上第一个能够自由游动的机器鱼。它大部分由玻璃纤维制成，上覆一层钢丝网，最外面是一层合成弹力纤维，尾部由弹簧状的锥形玻璃纤维线圈制成，从而使这条机器梭子鱼既坚固又灵活。另外还有一台伺服电动机为这条机器鱼提供动力。

（4）机器蛙。机器蛙腿的膝部装有弹簧，能像青蛙那样先弯起腿，再一跃而起。机器蛙在地球上一跃的最远距离是2.4米；而在火星上，由于火星的重力大约为地球的1/3，机器蛙的跳远成绩则可远达7.2米，接近人类的跳远世界纪录。因此，它不会再像之前的火星越野车那样在一块小石头面前一筹莫展了。

（5）机器蜘蛛。机器蜘蛛是太空工程师从蜘蛛攀墙特技中得到灵感而创造出的。它安装有一组天线模仿昆虫触角，当它迈动细长的腿时，这些触角可探测地形和障

碍。机器蜘蛛原形很小，直立高度仅18厘米，比人的手掌大不了多少。"蜘蛛侠"们不仅能攀爬太空越野车无法到达的火星陡坡地形，而且成本也经济许多。这样，一大批太空"蜘蛛侠"就会遍布在火星的各个角落。

随着科技的发展，我们也许能造出外表和行动都与真人无异的机器人，但有一个问题是我们不得不考虑的：机器人会思考，那么他们有没有感情？在目前人类本身尚不明了大脑和情感工作原理的情况下，科学家都在思考该如何指导机器人的智力或情感开发。来自欧洲多所大学的研究者们正在尝试对机器人婴儿进行教育，希望能找到让它们自动学习的方法。

日本机器人专家在20世纪70年代提出了著名的"机器人恐怖谷理论"，即：人类对机器人的好感度随着拟人程度的增加而增加，但是当这种相似达到某个程度的时候，人类的好感会突然下降，形成一个谷状区间。这种情况在动态机器人身上表现得尤为明显。大部分研究者都认为机器人应该在外表和行为上保持一定的统一性，以避免用户的反感。也就是说，外表酷似人类的机器人，最好不要有太出格的举动。而要想让机器人做一些"超人"的活，则不妨让它看上去更像一台机器。

21世纪人类将进入老龄化社会，发展"仿生机器人"更显得意义深远。它们将弥补年轻劳动力的严重不足，解决老龄化社会的家庭服务和医疗等社会问题，还能开辟新的产业，创造新的就业机会。

飞行机器人

飞行机器人又叫做无人驾驶飞行器、无人机。它主要由机体、动力系统、机载飞行控制系统、起飞和回收装置以及侦察、电子设备等组成，是军用飞机大家庭中的一个很重要的成员。由于无人机的体积一般都比较小，又没有飞行人员，主要依靠机外的人员操纵，所以它常常给人一种神秘莫测的感觉。无

人机诞生于20世纪20年代，50年代以后有了较大的发展。开始的时候，无人机是作为靶机使用的，后来一些国家又研制了无人驾驶侦察机。

　　无人驾驶飞机是一种以无线电遥控或由自身程序控制为主的不载人飞机。它的研制成功和战场运

用，揭开了以远距离攻击型智能化武器、信息化武器为主导的"非接触性战争"的新篇章。与载人飞机相比，它具有体积小、造价低、使用方便、对作战环境要求低、战场生存能力较强等优点，因此备受世界各国军队的青睐。在几场局部战争中，无人驾驶飞机以其准确、高效和灵便的侦察、干扰、欺骗、搜索、校射及在非正规条件下作战等

多种作战能力发挥了显著的作用，并引发了层出不穷的军事学术、装备技术等相关问题的研究。它将与孕育中的武库舰、无人驾驶坦克、机器人士兵、计算机病毒武器、天基武器、激光武器等一道，成为21世纪陆战、海战、空战、天战舞台上的重要角色，对未来的军事斗争造成较为深远的影响。

这种机器人真正令世人刮目相

看，是在20世纪80年代中期的一系列局部战争中。当时，叙利亚在贝卡谷地布置了不少SA-6防空导弹阵地，形成了十分密集的防空火力网。以色列人必须弄清叙利亚在贝卡谷地的火力布置，才能有效地发起进攻。情况紧急，派间谍去刺探情报根本来不及，于是以色列人便想到了无人驾驶侦察机。无人机的参战，使以色列在战争中收到了意想不到的效果。而在海湾战争中，美军出动的无人侦察机发现了伊拉克的两个导弹阵地和若干艘巡逻艇，随后美军的攻击机在无人侦察机的指示引导下，很快就摧毁了这些目标。

无人机初露锋芒，备受关注，得到了很多国家尤其是美国和以色列的特别青睐。以色列在发展近程和中程无人机方面最有经验，不少国家竞相与以色列签订合同，共同发展无人机。美国远程无人机发展也一直处于领先地位。

如果我们把无人机的发展人为

虽然是专门研制的无人机，但是并不直接用于战场环境。

第一代无人机能在中、低空进行战场侦察和实时数据传输。无人机上可以携带电视摄像设备和长焦距镜头，能进行空中拍摄；或者安装红外线成像相机和激光指示测距仪，进行目标指示。第二代无人机采用先进的复合材料制作机身，发动机的马力增大，使用和维护也极为简便。地面接收站大量采用微处理机。第三代无人机采用先进的气动设计，用复合材料制造机体，有隐

地划分一下，可以把世界专用无人机分为三代。在这三代之前的，我们称之为早期无人机。早期无人机大多使用退役的战斗机改装，有的

身能力，电子设备更加完善。

无人驾驶飞机的飞行方式主要有三种：有线控制、无线遥控和程序控制。

采用有线控制的方法比较简单，地面站的工作人员通过电缆或光缆将各种遥控信息传给无人机，操纵无人机进行飞行，无人机也通过电缆或光缆将信息传回地面。只

由程度也大大增加了。

采用程序控制的无人机活动半径最大，它们甚至可以在5000千米之外的空中执行侦察任务。起飞之前，地面人员将预定的飞行航线、侦察时间等输入程控无人机的控制系统，无人机起飞后，大部分飞行和工作过程都由程序控制装置通过自动驾驶仪操纵，无人机按照预定

是，用这种方法飞行的无人机飞行距离不可能太远。

采用无线电遥控的方法，无人机的活动半径可以增大，飞行的自

的航线飞行和工作。程序控制装置实际上就是一种电脑，它还可以随时控制机上的其他设备。

人类未来的仆人

机器人

知识百花园

无人机实例

（1）"猎犬"。"猎犬"式无人机是美国和以色列共同开发研制的。"猎犬"有多种型别，如基本型、炮兵型、海军型等。其中基本型的起飞重量为726千克，活动半径为300千米，飞行高度为4500米，续航时间为12小时。

（2）"蚋蚊"。蚋蚊是一种吸食人血的昆虫，它的长相酷似苍蝇。美国研制的"蚋蚊"式无人机却并不叮人，它是一种侦察型中远程无人机。它的翼展为10.75米，机长5米，起飞重量400千克，速度83千米／小时，飞行高度7600米。

（3）"掠夺者"。这是一种中空续航无人机，在76.21千米高度续航，时间可达24小时。"掠夺者"的时速为160.9千米，它用5小时飞抵

要监视的地区，再用5小时返回机场，整个飞行周期约为34小时，最大续航时间为50至60小时。"掠夺者"的机身长约8.23米，翼展约为14.94米，重量为350.6千克。

（4）"先锋"。"先锋"无人机的机身长4.27米，翼展为5.18米，加满燃油后机身重量为204.12千克，能携带34千克负载。留空时间大约为5小时，在4572米高度上，时速可达176.9千米。"先锋"能以多种方式发射，其中包括：火箭辅助起飞、从车载气压动力轨道上发射、沿着飞机跑道起飞。

（5）"定向天线"Ⅱ式。这是美国研制的无人机，它能携带900千克重的内部负载，在每个机翼的悬挂接头上，能携挂450千克重的油箱和传感器吊舱。"定向天线"Ⅱ的机身长13.5米，高4.6米，翼展35米。

（6）"黑星"。这种无人机原来被称作"定向天线"Ⅲ式。"黑星"的正面外形具有隐身作用。"黑星"的机身长4.6米，翼展为21米，1995年底首次试飞，1999年投入作战使用。

（7）"目视"。这是以色列研制的无人机，在天上目视的不是飞行员而是无人机。无人机的"目"就是它的侦察摄像、照相系统，这个系统能利用摄像机来导航。"目视"的翼展4米，机长2.7米，机高0.9米，空重80千克，飞行距离50千米，飞行速度60千米／小时，飞行高度2400米。"目视"是第三代无人机。

太空机器人

在人类建造大型的宇宙空间站时，机器人是不可缺少的。他们由航天飞机送往太空，在与太空站相同的轨道上运行。宇航员可以在太空站工作台上操纵这些太空机器人，让它们执行清扫太空垃圾，建造太空站以及修理人造卫星等任务。

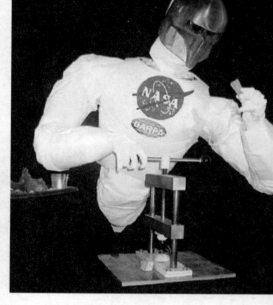

太空机器人是人类探索宇宙的得力助手。未来，它将向以下几个方向发展：

（1）向智能机器人方向发展

目前的太空机器人自主性差，

需要由地面或宇航员遥控。要使太空机器人能够灵活机动地适应环境及环境变化，就需要提高机器人的自主能力，使机器人具有测量距离、方位，识别物体形状、大小，避开或跨越障碍物等功能，并具有初步学习、分析、判断和决策等智能。

（2）向小型化、微型化方向发展

微小卫星的兴起，微机电系统和纳米技术的出现，使人类能够将电源、传感器、储存与运算器、执行机构等机器人部件集成在一块指甲大小的芯片上，构成纳米机器人。在未来的太空战中，它将是一种精巧的、高效费比的太空武器，能起到以弱制强、以小胜大，破坏敌人航天器的作用。

（3）向特种机器人方向发展

人类未来的仆人

机器人

为探测不同天体，需开发能适

应不同环境的太空机器人。比如，能在崎岖不平的类地行星表面行走的有腿机器人；能适应遥远行星零下200多度低温环境的冷冻机器人；能粘附在航天器上，甚至钻入航天器肚子里的间谍机器人等。这些特种机器人虽然结构、功能各异，但它们都是协助人类探测、开发和利用太空的有力工具。

（4）采用先进的、自适应的软硬件技术

为提高太空机器人的可靠性和灵活性，促进智能化和微小型化，人类正在研究用灵巧的、可变形的

材料来代替电动机等执行机构，比如形状记忆合金、压电材料、电流变胶质、电激活聚合物等；机器人的心脏——储存与运算装置将做与结构成为嵌埋在结构中与结构成为一体的微处理器；在软件方面将开发和应用遗传算法，保密系统、遗传程序和人工神经网络等工具。

太空机器人的应用主要体现在两个方面：在轨服务和行星探测。

（1）在轨服务

在轨服务是指在太空为轨道上运行的航天器添加燃料、补充气源，装拆结构部件、维修仪器设备等服务活动。这些任务通常需要由宇航员走出座舱去完成，但一些简

126

单的操作也可由机器人代劳。

目前的在轨服务机器人实际上只有一条机械臂或者再加上一只机械手。典型的代表是美国航天飞机的遥控机械臂。遥控机械臂更多地让机器人在轨道上工作，把宇航员从危险、重复、简单的劳动中解放出来，是快、好、省地发展航天技术、开发太空资源的重要技术途径之一。例如，未来空间太阳能发电站第二轮方案的创新点之一，就是太阳电站的太空建造由原方案中的宇航员装配改为用机器人装配。

在轨服务机器人活跃在太空中，将成为太空基础设施中不可或缺的组成部分。它们可以执行喂哺"饥饿的"卫星、医治"有病的"卫星、埋葬"死亡的"卫星等多种任务，从而提高卫星的工作质量、延长卫星的工作寿命、降低卫星的运行成本、增加卫星的工作灵活性。

（2）行星探测

在行星探测机器人领域，20世纪70年代已有取样机器人登陆火星；20世纪末，巡视机器人（火星车）已漫步火星。关于火星上的气候环境、地质状况，特别是可能对人体造成严重危害的沙尘暴和辐射环境等问题，人们知之甚少，而火星上究竟是否存在水，也是载人火星航行极为关注的问题。这些情况并非仅凭遥感遥测手段就能了解清楚的，因此必须派遣机器人前去实地考察，探明虚实，为人类登临火星铺平道路。在2020年左右第一艘载人火星飞船启程之前，将有各类机器人分批分期奔赴火星打前站。即使人类登上火星以后，机器人仍

将是人类不可缺少的得力助手。它

们将成为建造火星表面居住舱的建筑工人，成为就地取材生产推进剂的化学工人，还可充当宇航员的耳目，进行远距离、全方位的环境调查，为载人火星车的行驶探路开道。

"亥伯龙"号是美国研制的新型星球探索机器人。这种机器人最特别的功能就是可以在发生故障或陷入困境的时候，非常聪明地自动追踪太阳，从而继续获得能量。听起来"亥伯龙"很像是中国古代"夸父追日"传说中的夸父，但它又不像夸父那么执着，在恢复正常之后，它就会自动回到自己的轨道。

机器人医生

由计算机控制的"机器人外科医生"能任劳任怨，准确精细地完成长时间的大手术，而且绝不会出现因身体、情绪因素而影响手术质量的问题。一个神经外科大夫的误差精度为2毫米，而医用机器人的精度可以很容易地达到亚毫米级。

灵巧精确的机器人，替外科医生

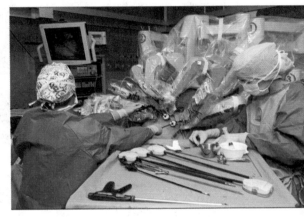

们实现了"坐在沙发上做手术"的梦想。

现在，医生们进手术室之前必须全面消毒、全副武装：口罩、帽子、白大褂，一个都不能少。然而控制机器人进行外科手术，医生们甚至连手都没有必要去洗，因为他们远离手术台，只需坐在控制系统前面即可。眼睛盯着彩色监视器上

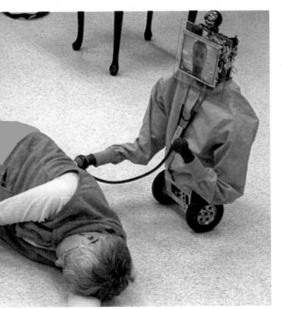

人类未来的仆人 机器人

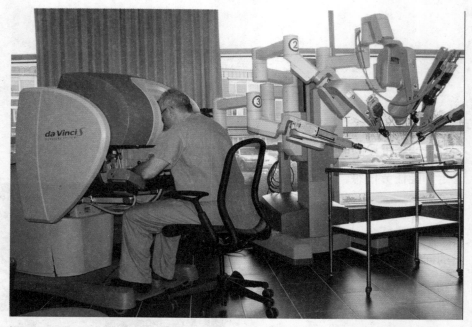

的三维图像，手中操作两个可旋转的手柄，脚踩控制器，只要发出指令，分离、钳夹、结扎、离断……手术的一切动作就由机械手干净利落地搞定了。机械手中的一只超小型摄像机会将手术的现场实况显现在控制系统的监控器上。

捏在机械手手指尖上的手术器具和微型摄像机，差不多只有一根普通铅笔那么粗，它们能顺利地插入刀口切开部位的深处。纽约大学医疗中心的心血管病调查研究室主任克罗西医生说："无论是细小入微的小手术还是大面积切口等复杂手术，机器人外科医生均能出色地完成。"没有无影灯的凝重，没有手术室的紧张，外科医生们终于可以"随心所欲"了。

但是，在现场手术台四周，有时候仍然需要一位彻底消过毒的助理医生——机械手毕竟还没有灵敏到能够自如地拿起探针或止血钳。助理医生必须瞪大了眼睛，随时准备为机器人递刀送剪；还有手术中可能出现的各种意外情况，也需要助理医生及时"临危受命"。

机器人外科医生已经吸引了无数眼球，然而群雄逐鹿，谁执牛耳？由美国加州Intuitive Surgical公司制造的"达芬奇"和由ComputerMotion公司制造的"宙斯"机器人手术系统在此领域中"独占鳌头"。它们都是三臂机器人，一只手用来捏住摄像机（即所谓的"扶镜"），另外两只手操作手术器具。只不过"宙斯"的"扶镜"手是声控的，而"达芬奇"的手术器械头端增加了"手腕关节"，扩大了活动范围和灵活性。因而在2000年，"达芬奇"成为了世界上首套可以正式在医院手术室腹腔手术中使用的机器人手术系统。

如今，在我国北京、上海、广州等城市的大型医疗机构的手术室内，已经可以见到"机器人医生"的身影了，近10台名为"伊索"的声控机器人被运用于普外科、妇

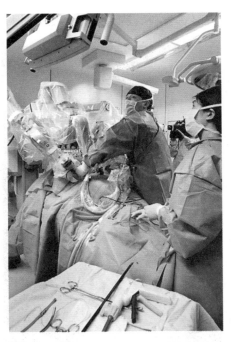

 人类未来的仆人

机器人

产科、骨科、胸心外科、泌尿外科

等多个领域的手术中。严格来说，"伊索"是一只机器臂，仅仅能从事体内探察、定位等辅助工作，而不能胜任真正开刀的工作。而有了"宙斯"或"达芬奇"系统，加上"伊索"，医生就可以不用在手术台前站立，只需坐在手术室内的电脑屏幕前，根据"伊索"传递来的

三维影像，手握两个传感臂，做出或解剖或缝合的模拟动作，在手术台上工作的机器人就能控制伸入患者体内的器械，从事同样的手术动作。上海复旦大学附属中山医院心脏外科主任赵强教授是国内最早运用机器人实施心脏搭桥手术的医生。

2003年，"达芬奇"为一个美国新生儿多恩布施做了肺部手术，令人瞩目的是，这个小患者出生刚刚5天。看着逼真的三维图像，布兰克儿童医院儿科医生、新生儿专家迈克尔·艾里什说："你感觉好像沉浸在（患者）胸腔里，似乎身处一个虚拟环境，但实际上却是真事。"世界首例不开胸心脏手术是由三臂机器人"宙斯"完成的。医生们在比利时医生乌戈·瓦内门博士的带领下，在一位已经年届51岁的患者的胸腔上只打了三个小洞：一个洞用来导入摄像机，另外两个则供机器人的左右臂按照指令大显神通。患者术后两天，就高高兴兴

地出院了。

虽然机器人为成年人做心脏搭桥手术已经屡建战功，但是为婴幼儿鸡蛋般大小的心脏做手术，既要让医生看清楚，又不能留下大的手术伤口，难度则大了许多。2002年4月23日，机器人首度出战婴幼儿心脏微创手术，又全面告捷。在复旦大学附属儿科医院，3岁的园园和2个月大的捷捷有幸成为这次中美专家联袂手术的受益

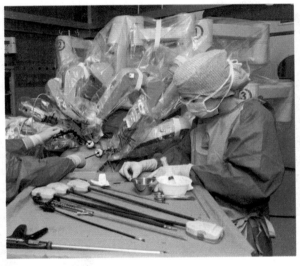

者。主刀医生在孩子的胸部切开了一个2厘米多的小口子，这只是普通幼儿心脏手术切口的1／4。然后将机器人辅助的内窥镜慢慢放入，整个手术视野立即清晰地显示在监视屏上。随着主刀医生发出的口令，机器人细长的手臂握着内窥镜灵活转动，医生则根据屏幕做精确的切割和缝合。难度极大的手术仅仅历时1个多小时，并于极少出血的情形下顺利结束。

现在，跨洋手术也已经实现。也许有一天，外科医生可以给太空中的宇航员进行遥控手术。当然，这仍然不是机器人医疗系统最终的目标。如果未来的智能机器人外科医生能自动编制完美的程序完成全部手术并及时纠正失误的动作的话，那么医生们只需按一下按钮，其他事情就由机器人自动完成。这样，人类的机器人医疗系统才算真正走到了极致。

替身机器人

替身机器人就像特工一样，它们能在极限环境中作业，可以上太

从肤色到神态都与真人越来越相像，有的甚至到了以假乱真的程度。日本机器人专家石黑浩研制出的"双子星"机器人，从肤色到神态都与他本人完全一样。它有着卷曲的头发，戴着圆边眼镜，穿着深色上衣，坐在椅子上左顾右盼。不知情的人一定以为是石黑浩本人正在办公。但其实这并不是他本人，

空，也可以入深海。总之，它将代替人类从事许多人类力所不能及的工作。如果在替身机器人的耳朵和眼睛上增加特殊的感测器，他还能看见人所不能看见的，听到人所不能听到的。

随着科技的发展，替身机器人

而是石黑浩按照自己模样设计制造的机器人"双子星"。

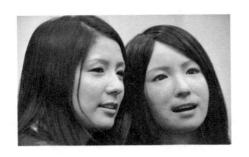

石黑浩是日本国际电气通信基础技术研究所智能机器人与信息传递实验室的高级研究员。"双子星"机器人从肤色、眼镜，到发型、神态都与石黑浩本人完全一样，简直成了他的"孪生兄弟"。石黑浩在"双子星"皮下安装了50个传感器和电动机，由他自己负责控制。有了这些仪器，"双子星"就可以用"眼睛"看东西，可以通过内部扬声器与他人交谈。如果你戳它一下，"双子星"还会耸耸肩或皱下眉头。当往它体内注入压缩空气时，机器人的胸部会有起伏变化，就像是真人在呼吸。

不仅如此，这个机器人替身口中发出的还是石黑浩教授的"原声"。原来，石黑浩可以借助一个麦克风，让自己的话通过机器人的口说出来。通过这些传感器和遥控设备，石黑浩可以控制这个机器人的动作，还可以看到它的眼睛所看到的一切，因为它的眼睛就像摄像机一样，可以给后方的监控器传回图像。石黑浩希望，他的"机器替身"可以代替自己站在讲台上面对学生，而他只需在家中遥控就可对学生上课。看来，石黑浩教授从此就可以过上"分身有术"的快乐生活了。

在此之前，石黑浩及其团队还制造出了一个完美的机器人美女，

竟然都达到了能以假乱真的程度。这名美女的皮肤由硅胶膜做成，富有弹性，无论在色泽还是触感上均宛若真人。由于在体内安装了31部灵敏的程控空气压缩机，她的上半身活动自如，可以不时做出挥舞小手等精细动作。更为有趣的是，当你靠近"她"时，"她"还会眨动一双美丽的大眼睛，向你打招呼；当你向"她"提出问题时，"她"的眼睛就会转动，眼神会改变方向，就像在思考；当"她"开始说话时，发音会变化，口型也会根据说出来的话语进行变化，可谓惟妙惟肖。

欧洲机器人专家利维博士认为，有性别之分的机器人在未来将变得很平常，将来也许会有一些人把机器人当作他们的妻子。

多年以来，人们一直对机器人有抵触情绪。因为大多数机器人缺乏真人外表，让人感觉很不舒服。现在，像"双子星"这样的机器人可以被制作得非常逼真，所以科学家们都希望机器人能被越来越多的普通人接受。当然，对于机器人，社会上始终存在正反两种态度。有人认为，机器人会给生活带来便利。也有人认为，机器人是会带来灾难的恐怖发明。美国五角大楼联合部队司令部的戈登·约翰逊则认为，政府可以培训"机器军人"。

"机器军人不会饥饿，不会畏惧，更不会忘记命令，"他说，"如果身边的战友被射杀，它们也不会有顾虑。它们能不能更好地完成任务呢？答案当然是肯定的。"

微型机器人

微型飞行机器人也称为微型飞行器，它们在军事、民用及航天领域有着十分广阔的应用前景，如弥补侦察卫星和侦察飞机的空白区，秘密收集敌军各类情报；作为通信中继；拍摄夜间红外照片；当作反辐射和微型攻击武器；靠近敌人雷达天线作用区，有效地干扰敌人雷达，并用携带的微型炸弹破坏对方雷达和通信中枢；进入核、生、化污染区进行检测，并迅速确定生化战剂类别以便及时控制污染区；涂上强反射材料后在空中飞行作诱饵，以探测敌方的防空部署和雷达

人类未来的仆人

机器人

性能参数；用于边境或海防缉私巡逻；发生地震时，在倒塌空间内寻找幸存者和遇难者；在未来的火星探测中发挥重要作用等等。

机器人技术不断向微型化和超微型化发展，微型机器人将在未来的工作领域中，逐步占据更为广阔的空间。因此，微型机器人又被称为"明天的机器人"，它们同智能机器人一起，成为了科学家们奋力追求的目标。某些工作用一沓结构庞大、价格昂贵的大型机器人去做，倒不如用成千上万个非常低廉的、细小而极简单的机器人去完成。这便是人们发展微型和超微型机器人的理由。

现在，微型机器人的作业能力已达到了分子、原子级水平，远远超过了艺术家在头发丝上作画的程度。微型机器人还可以用于精密制造业的加工、制造存储量更大的计算机存储芯片以及精度更高的"超平面磨床"等。应用微型机器人技术，各种各样的航天测量将变得更

为简便，也更为精确。

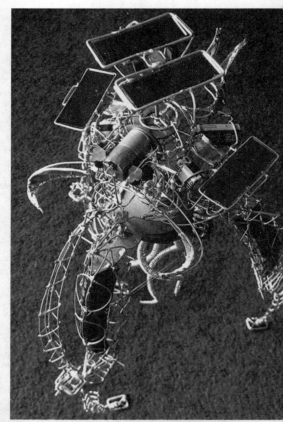

纳米机器人

纳米机器人是纳米生物学中最

具有诱惑力的研究方向。第一代纳米机器人是生物系统和机械系统携手合作的成果，可以将这种纳米机器人注入人体血管里，对人体进行健康检查和疾病治疗。"纳米机器人"的研制属于分子仿生学的范畴，它根据分子水平的生物学原理，设计制造可对纳米空间进行操

作的"功能分子器件"。用不了多久，个头只有分子大小的纳米机器人将源源不断地进入人类的日常生活。它们将为我们制造钻石、舰艇、鞋子、牛排和复制更多的机器人。要它们停止工作只需启动事先设定的程序。表面来看，这种想法近乎不可思议。然而，这并非天方夜谭，也许在21世纪中叶前就可以实现了。

其实，纳米技术一词由来已

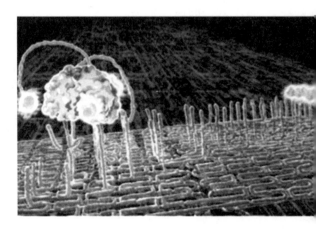

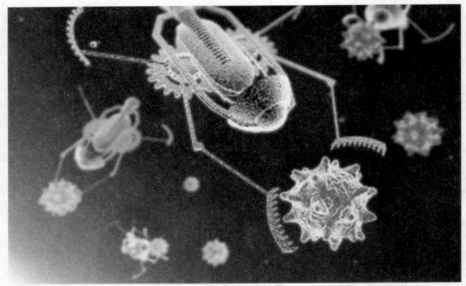

久。理查德·费恩曼是继爱因斯坦之后最有争议和最伟大的理论物理学家，1959年他在一次题为《在物质底层有大量的空间》的演讲中提出：将来人类有可能建造一种分子大小的微型机器，可以把分子甚至单个的原子作为建筑构件在非常细小的空间构建物质，这意味着人类可以在最底层空间制造任何东西。从分子和原子着手改变和组织分子是化学家和生物学家意欲到达的目标。这将使生产程序变得非常简单，你只需将获取到的大量分子进行重新组合就可形成有用的物体。

事实上，每一个细胞都是一个活生生的纳米技术应用的实例：细胞不仅能将燃料转化为能量，而且能按照储存在DNA中的信息来建造

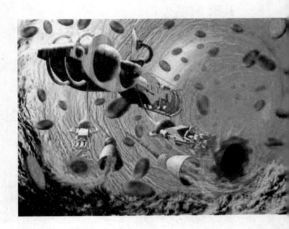

随着纳米计算机的发展，第三代纳米机器人将包含这种更为先进的计算机类型，它还将解决人机对话的难题。因此，这种纳米机器人一旦问世，将彻底改变人类的劳动和生活方式。它可以用来进行人体器官的修复工作，进行整容手术，甚至还能从基因中除去有害的DNA，把健康的DNA安装到基因中，使人体恢复正常运行。

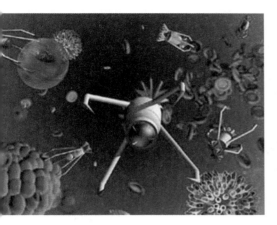

和激活蛋白质和酶。通过对不同物种的DNA进行重组，基因工程家已经学会了建造新的这类纳米工具，例如用细菌细胞来生产医用激素。

美国还研制出了一种被称作"世界最小机器人"的纳米机器

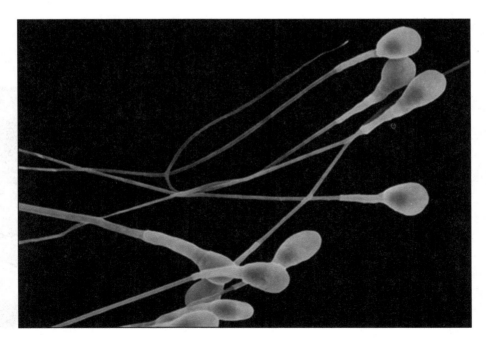

人。这种机器人可以代替人去完成

许多危险的工作，如排除地雷，去危险地带寻找失踪者等。它的重量仅为28克，体积还不到1立方厘米，在一枚硬币上都能自由活动。体积虽然很小，但它却拥有一个具有高度智慧的"大脑"和非常灵活的腿。

经过长时间的研究发展，中国人现在也可以像摆棋子一样摆弄原子了。据悉，中国科学院沈阳自动化所研制成功了一台能够在纳米尺度上操作的机器人系统样机，并通过了国家"863"自动化领域智能机器人专家组的验收。在一个演示

中，沈阳自动化所的研究人员操纵"纳米微操作机器人"，在一块硅基片上1×2微米的区域上清晰刻出了"SIA"三个英文字母（沈阳自动化所的缩写）；另一个演示显示，在一个5×5微米的硅基片上，操作者将一个4微米长、100纳米粗细的碳纳米管准确移动到了一个刻好的沟槽里。

测试显示，在刻画操作中，这台纳米微操作机器人在512个像素宽度的显示区域里，重复定位误差小于5个像素，精度达1％以上；在移动纳米碳管的操作中，重复定

位精度达到30纳米；而在基于路标的定位测试中，其定位误差小于4纳米。专家解释，一纳米是10^{-9}米，大约等于十个氩原子并列成一条直线的长度。

据该项目研究人员介绍，这台机器人系统在纳米尺度下的系统建模方法、三维纳观力获取与感知及误差分析与补偿方面有很多突破与创新，都达到了世界先进水平。据介绍，这种纳米微操作机器人可广泛应用于纳米科学实验研究、生物工程与医学实验研究、微纳米科研教学等领域。如生物学研究领域

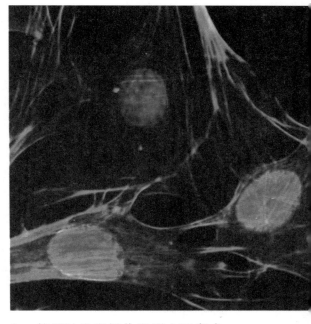

中，使用纳米微操作机器人可完成对细胞染色体的切割操作；也可在DNA或分子水平上进行生化检测及病理、生理测试实验研究。此外，这种机器人在IC工业中纳米器件的装配与加工方面也有良好的应用前景，如可以利用它操作纳米微粒，装配微／纳米电子器件，甚至复杂的纳米电路。这意味着，未来利用纳米电路制成的电脑和家用电器，可以达到"想要它有多小，就能做多小"的水平；而未来利用纳米操

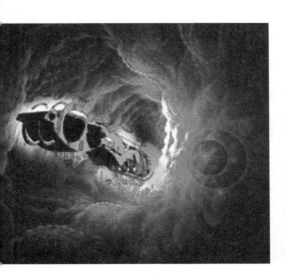

作技术制作的微型机器人，也可以钻入人体替病人疏通血管，或在肉眼看不见的微观世界里，完成人类自己不可能完成的任务。

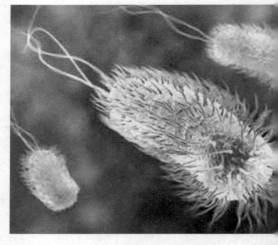

在纳米尺度上的操作被称为"纳米微操作"，它是纳米技术的重要内容，其目的是在纳米尺度上按人的意愿对纳米材料实现移动、整形、刻画以及装配等工作。纳米微操作始于上世纪80年代，IBM的科学家于1989年利用扫描式隧道显微镜（STM）操作35个氙原子在镍金属表面拼出了I-B-M三个字母，成为轰动世界的新闻，开创了纳米微操作的先河。从此，纳米操作技术作为一个重要的战略发展方向吸引了各国竞相展开研究。

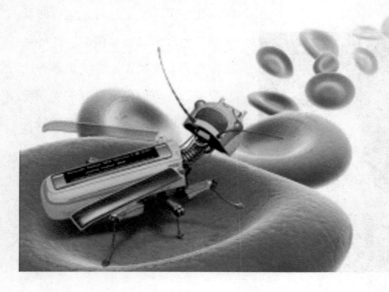

消防机器人

消防机器人的发展也受到了各国的广泛重视。它可以在城市失火的时候排除险情，而且小型的消防机器人移动更加方便，能够迅速靠近起火点，用喷水头压制火情。

☆国外消防机器人的发展

国际上较早开展消防机器人研究的是美国和苏联，稍后，英国、日本、法国、德国、等国家也纷纷

开始研究该类技术。其中，日本投

入应用的消防机器人最多。20世纪80年代，日本研制出了不少于5种型号的自动行驶灭火机器人，分别配备于大阪、东京、高石、太田、蒲田等消防部门。这类机器人以内燃机或电动机为动力，配置驱动轮或履带式行驶机构，能爬坡、越障碍；装有较大喷射流量的消防枪炮，能作俯仰和左右回转；装有

气体检测仪器和电视监视设备；通过电缆或无线控制，控制距离最大为100米。另一类机器人为侦察、抢险机器人，除装有气体检测仪器和电视监视器设备外，还装有机械手，能通过遥控处理危险物品。

美国也研制出了能依靠感觉信息控制的救灾智能化机器人，如1994年用于探测阿拉斯加州斯珀活火山的"但丁2号"，抓获杀人犯的RN1—9型遥控消防机器人等。

还有亚利桑诺州消防部门研制的消防机器人，装有破拆工具和消防水枪，能一边破拆，一边喷射灭火。

英国智能化保安公司生产的RO—VEH遥控消防车已装备于中部和西部消防部门，配备为履带式或轮式行驶机构，能抓楼梯，通过电缆供电或自携蓄电池供电。它装有消防水炮、摄像机或热像仪，采用有线控制方式。1985年英国还研制了一种消防车，是用HUnterIII汽

车改装而成的，装有双臂、水枪、探测器（温度、化学物质、辐射等）、工业电视摄像机、红外线装置。机械手用来启闭阀门、搬移物品或开门等。

另外，苏联彼得拉拖拉机厂与内务部消防科研所共同研制的消防机器人则具有视觉功能，装有消防水枪，光电探头和工业电视摄像机等。

国际上对消防机器人的研究可分为三个阶段（三代），第一代是程序控制消防机器人，第二代是具有感觉功能的消防机器人，第三代是智能化消防机器人。一些工业发达国家甚至把研究开发消防机器人列入国家技术发展规划，将它作为经济发展的一个重要的保证手段。

☆ 我国消防机器人的发展

我国大约有30家左右的高等院校和研究院所在从事各类机器人的研究工作，自1971年以来，已在机器人的感觉识别，操作、移动技术、人机接口技术和智能化技术等方面取得了可喜的成就。部分科研成果，如工业装配、焊接、喷涂，搬运、探伤、水下作业、过程测量

机器人等已进入实用阶段，某些控制、传动元器件的产品技术已接近国际先进水平，为消防机器人的研制创造了良好的环境条件。

近些年来，我国消防机器人的研制工作得到了政府有关部门的支持。1995年，上海市科学技术委员会批准公安部上海消防科学研究所着手研制我国第一台消防灭火机器

人——自行式消防炮；1996年11月，国家科学技术委员会以国家"863"计划批准公安部上海消防科学研究所、上海交通大学、上海市消防局等三家单位共同研制"消防机器人"，该消防机器人具备火场化学危险品侦察、灭火等多种功能。

有人认为，我国消防机器人的研究应先易后难，边研制边推广，循序渐进，不断提高。可先从灭火机器人、火场侦察机器人着手。然后是破拆、救人以及多种功能组合的消防机器人。控制方式可先从有线、无线的远距离程序控制开始，逐步向自适应型消防机器人发展。消防机器人的开发应尽可能多地采用成熟技术。相信在不久的将来，一个由政府支持，研究所、企业和广大用户积极参与，以市场需求为龙头，以高新技术为先导，以保护消防指战员生命，提高消防部队的作战能力，减少火灾损失为目标的消防机器人产业一定会在我国蓬勃发展起来的。

艺术机器人

1985年，日本展出了画像机器人。画像机器人凭借娴熟的绘画技巧受到了很多人的喜爱，它们可以在两分半钟的极短时间内完成一幅画像。同年，日本还研制出了"瓦伯特"2号，一个会弹钢琴的机器人。它能用娴熟的技法在钢琴上弹奏出美妙的音乐，还曾经与日本的NHK广播乐团同台演出。

娱乐机器人

娱乐机器人以供人观赏、娱乐

为目的，具有机器人的外部特征，可以像人，像某种动物，像童话或科幻小说中的人物等。同时它还具有机器人的功能，可以行走或完成动作，可以有语言能力，会唱歌，有一定的感知能力。

这类机器人就像杂技演员一样，能进行滑稽的表演，完成高

难度的杂技动作。当足球成为全球热爱的运动之后，韩国推出了一对会踢球的机器人"ICO"和""GICO"。与普通的玩具机器人不同，在这对机器人球星体内装有可以变换程序的微处理器，只有这样才能适应激烈的足球运动。

韩国设计这两个足球机器人的目的，就是使人们能够两个一组，通过无线电操作，进行一场精彩的足球比赛。此外，如果把这对机器人连接到个人电脑上并变换程序，还可以使它们沿着指定的路线行走、互相摔跤、跳舞等。

地面军用机器人

（1）机器警察

所谓地面军用机器人是指在地面上使用的机器人系统，它们不仅可以在和平时期帮助民警排除炸弹、完成要地保安任务，还可以在战时可以代替士兵执行扫雷、侦察和攻击等各种任务，今天美、英、德、法、日等国均已研制出多种型号的地面军用机器人。

在西方国家中，恐怖活动始终是个令当局头疼的问题。英国由于民族矛盾，饱受爆炸物的威胁，因而早在20世纪60年代就研制成功排爆机器人。英国研制的履带式"手推车"及"超级手推车"排爆机器人已向50多个国家的军警机构售出了800台以上。最近英国又将手推车机器人加以优化，研制出土拨鼠及野牛两种遥控电动排爆机器人，

英国皇家工程兵在波黑及科索沃都用它们探测及处理爆炸物。土拨鼠重35公斤，在桅杆上装有两台摄像机。野牛重210公斤，可携带100公斤负载。两者均采用无线电控制系统，遥控距离约1公里。

除了恐怖分子安放的炸弹外，

在世界上许多战乱国家中，到处都散布着未爆炸的各种弹药。例如，海湾战争后的科威特，就像一座随时可能爆炸的弹药库。在伊科边境一万多平方公里的地区内，有16个国家制造的25万颗地雷，85万发炮弹，以及多国部队投下的布雷弹及子母弹的2500万颗子弹，其中至少有20％没有爆炸。而且直到现在，在许多国家中甚至还残留有一次大战和二次大战中未爆炸的炸弹和地雷。因此，爆炸物处理机器人的需求量是很大的。

排除爆炸物机器人有轮式的和履带式的，它们一般体积不大，转向灵活，便于在狭窄的地方工作，操作人员可以在几百米到几公里以外通过无线电或光缆控制其活动。

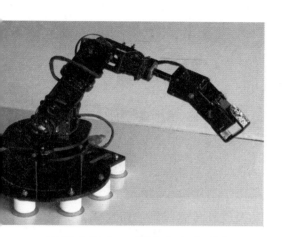

机器人车上一般装有多台彩色CCD摄像机用来对爆炸物进行观察；一个多自由度机械手，用它的手爪或夹钳可将爆炸物的引信或雷管拧下来，并把爆炸物运走；车上还装有猎枪，利用激光指示器瞄准后，它可把爆炸物的定时装置及引爆装置击毁；有的机器人还装有高压水枪，可以切割爆炸物。

（2）机器工兵

据联合国儿童基金会1996年的报告估计，在全世界64个国家中埋有700多种1.1亿颗地雷，例如在海湾战争中，伊拉克共埋设了500～1000万颗各种地雷；阿富汗有1000万颗；柬埔寨有500～800万颗；安哥拉900万颗；莫桑比克200～300万颗，波黑有300~500万颗。这么多地雷对于平民百姓是非常危险的，更不要说许多地方还在不断埋下新的地雷。现在世界上每月有2000人死于地雷爆炸，每年约有2~2.6万人因触雷而丧生，地雷已使25万人致残。而且每清除一颗30美元的地雷，需要花费300~1000美元，这么多的地雷以现在的投资与技术需要1400年才能清除完毕。

在阿富汗，只靠人工扫雷，清除全国的地雷需要4300年。而且扫雷还会造成士兵的伤亡。因此扫雷成了各国紧迫而又长期的任务。

机器人扫雷之所以受到人们的重视，不仅因为它扫雷速度快，更重要的是它可以避免人员的伤亡。扫雷机器人大体上可分成两类，一类重点探测及扫除反坦克地雷，另一类探测及扫除杀伤地雷。前者多为现有军用车辆的底盘改造而成，体积较大；后者多为新研制的小型车辆。当然，有的机器人也可同时扫除两种地雷。

机器人扫雷的主要困难在于探雷，首先要找到地雷在哪里。今天已采用的或正在研制中的探雷技术主要有：金属探测器，地面穿透雷

达及红外传感器等。用这些方法探雷往往虚警率过高，探测率很低。现在没有哪一个单个传感器可以满足探雷的要求，于是人们就把多种传感器结合起来，以求得到更好的效果。

目前机器人探雷扫雷的应用才刚刚开始，由于用机器人探雷及扫雷的速度快，特别是可以避免士兵伤亡这一最大的优点，使它具有了光明的前景。

（3）机器保安

在美国新泽西州的一家医药公司里，一台小车式的机器人正在公司大楼狭窄的过道中巡逻，只要发现有烟雾或距其30米以内有行人，它就会向指挥中心的值班人员发出

警报。这是一台SR2室内保安机器人，是由Cybermotion公司为满足美国三军后勤部门的迫切需求研制的。

保安机器人一般可分成室内型及室外型两种，SR2就属于室内机器人，它的改进型叫MDARS-I。1999年年中，Cybermotion公司与陆军签订了一项为期7年的合同，生产MDARS-I机器人，每个系统单价约10万美元。当时预计陆军一共将采购25个系统100台机器人，用于美国18个不同的军用仓库中，2001年正式生产。MDARS-I的最低速度为3公里/时，一次充电可连续工作8小时，它可在360度范围内发现10米远的物体。该机器人装有入侵者探测用的微波雷达，热成像仪，音响传感器，一台CCD摄像机，红外照明器和旋转及倾斜平台，还有超声波传感器及导航传感器等。一个无线局域网络转接器方便了机器人与控制站的通信。下班后机器人在仓库内巡逻，可发现烟、火及入侵者。此外，它还可确定所存物品的状况及位置，发现问题及时发出警报。

美国机器人系统技术公司正

在研制一种MDARS-E室外型机器人，即将进入工程制造阶段。该机器人可识别并绕过障碍物，若绕不过去，就停下来，并通知控制站操作人员。它的负载主要有立体摄

时，视频链路自动启动，控制站记录下音响及视频警报，保安人员可以由远处观察那里的情况，或与入侵者对话。

室外型机器人可用于军事基

像机，前视红外摄像机，多普勒雷达，4线激光扫描仪，超声波传感器，微波及光缆通信网络，视频标签阅读器。导航传感器有差分GPS系统、陀螺仪、倾斜仪、4轮编码器及驾驶定位传感器。

MDARS-E在值班时可自主进行监视，发现入侵者或异常情况

地、核武器设施、洲际导弹发射井、军需仓库、军火库、机场、铁路枢纽、港口、储油区，及其他重要设施的保卫工作。

第四章

机器人研究

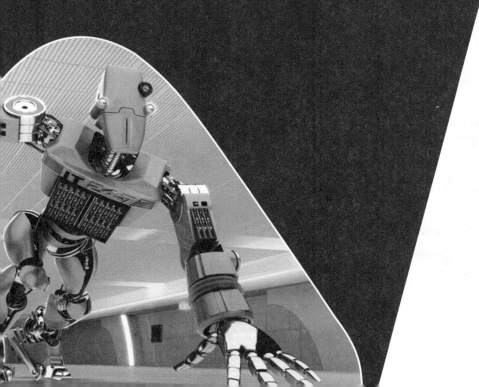

    前面章节我们为大家介绍了机器人的定义、发展历程、特点、家族等知识。虽然现在越来越多的人和国家都把目光转向了机器人研究制造方面，但是由于对机器人的了解太少，现实中仍然有很多人对机器人抱有观望、怀疑甚至仇恨的心态。要想大力推广机器人，必须要对民众展开多方面的教育，使他们充分了解使用机器人的利与弊，通过精确的科学数字和成功案例，让民众能够全面了解机器人，进而客观地评价机器人。评价机器人的好与坏，我们应该从三个方面来考虑，一是它对社会经济的促进作用，二是它对社会形势的影响，三是它对社会分工的改变。本章我们就将对这三个方面做深入探讨，为大家详细分析机器人的利与弊。

对机器人的评价

购买机器人究竟是否划算？从

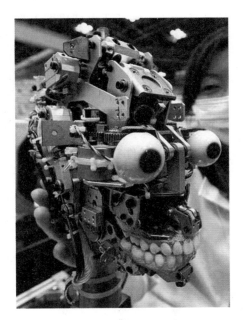

与此有关的经济分析来看，不难想象，在机器人发展初期，人们需要在一个未曾实践过的新技术领域里进行大量投资，因此它的价格很高。而现在，技术条件已经成熟，许多机器人已经得到了成功的应

用，导致机器人厂家能够大批量生产机器人，因而它的价格变得很便宜。现在购买机器人仍然是一种投资，但它已不再是一种未经检验的不可靠的投资了。

☆ 机器人的价格

一台工业机器人的价格比一幢房子要低些。据美国机器人工业协会全球产品目录统计显示，达到工业使用要求的机器人标价为

机器人

14 000~150 000美元。因此，一台

机器人是在个人或集团支付能力之内的。那么，人们是出于什么动机购买机器人的呢？是买一台还是几台？如何做出正确的判断？什么条件会使投资者对购置机器人产生兴趣呢？

机器人的价格范围跨度很大，从36美元的玩具机械手到价值一亿美元的航天飞机机械手，有各种各样的机器人。最便宜的计算机控制机器人是价值300美元的"海龟"，高精度工业机器人约值50 000美元。这个价格范围说明机器

人确实是在人们支付能力之内的。可是，我们要机器人干什么呢？机器人能像人一样，生产商品和提供服务。所以许多孩子对父母说，他（她）想要一个机器人为他（她）去赚钱，他（她）好去买自己想要的玩具；他（她）还想把机器人带回家，同自己一起玩。毫无疑问，我们都希望机器人为我们赚钱，这样我们才能买到我们想要的东西。上面我们介绍过，机器人能做焊接、喷漆、工件抓放和装配等工

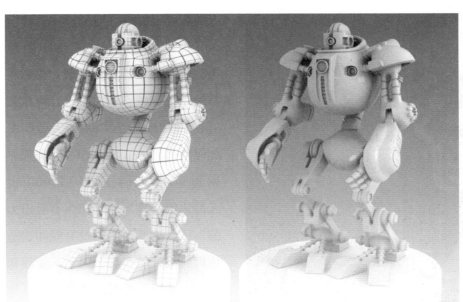

作，那机器人能制造什么呢？美国机器人学课程中有一个练习，要求学生去设计一个生产计算机的单个机器人系统。这个计划的动机是，如果一台机器人能把计算机部件组装在一起，那么每个学生就能得到一台相当于计算机部件造价的计算机了，这大约是一般计算机零售价的40%。三个月以后，学生们提出了各种装配计算机的机器人系统设计方案。其中最好的一个设计的整体如饭桌大小。机器人和传感器的价格大约一共是5000美元，用它装

配一台小型单板机大约要五分钟，每天运行24小时。理论上这个机器

人类未来的仆人

机器人

人装配系统每天能生产288台计算机，即一年可生产105 120台计算机。如果这个计划能实现，与购买整个系统比较，即使每台计算机只节省100美元，这个机器人装配系统每年仍可以节约1 051 200美元。用50 000美元的投资换回100万美元的价值，这当然是相当有吸引力的。虽然这些学生们没有时间建造他们所设计的系统，但是工业界却在真正进行着类似的练习。

在美国，机器人的工业所有制是最经济的实际占有方式。从现在

来看，短时间内不会发生对现存的自由企业制度的偏离。公司占有生产资料，有经验的设计师和熟练的技术工人制造人们所需要的各种商品。国内外厂商之间的竞争异常激烈。作为消费者，我们会从竞争中获利；而作为竞争者，则必须运用最佳手段，以保持竞争的有利地位。机器人就是一个非常有力的手段。

由于在多变的情况下执行多变的任务，需要柔性的、可编程的自动化机械，因而对机器人的需求

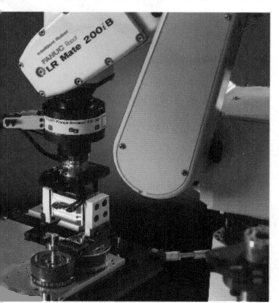

也随之增长。应用工业机器人的

实际好处已经让许多企业家对机器人的作用深感满意，如生产力的提高、产品质量的改进、对通货膨胀的抑制、对产品更新换代的适应能力、工伤事故的减少、生产过程的连续性和库存的更好控制等。然而，除了富有的大企业以外，与人工劳动力价格相比，机器人的价格常常使很多人踌躇不前，于是劳动力价格随之上涨。而现在，相对来说，机器人已经显得不那么贵了。

☆提高生产率

人们决定是否购置机器人的另一个非常重要的考虑是机器人系统

163

能否提高生产率。机器人可以从几个方面达到这个目的：它们能提高生产率、提高产品质量、维持生产持续性的质量。如在弧焊等某些应用场合，机器人能将生产率提高百分之几百；和人不一样，机器人不会在工作中感到疲劳、厌烦和疏忽大意；当人疲倦时会在工作中发生失误，造成返工或废品，而这种损失机器人几乎可以全部避免；机器人系统可以无故障运行上千次，以完全相同的方式制造出完全相同的工件。应用机器人对削减费用开支的作用尤为显著。因为一台机器人通常能做3~5人的工作，所以在某些特定的工艺中，机器人还可以节省其他劳动力的费用。与此同时也节省了其他费用，如照明费和暖气费等，而这些因素对保证以人进行工作的环境却是必要的。同时，安全保障费用也节省了，比如节省了为达到高危险作业的管理标准而必须付出的费用。如果在机器人系统程序编制中确定每小时生产一定数量的零件，那么除机器故障外，实际生产的零件就一定是确定的。通常由主要制造厂家生产的机器人故障率是很低的，许多机器人的设计

已经达到平均500小时无故障，因

而无需过高的维护保养费用。

采用工业机器人还有另一个重

要原因，那就是它可以消除有害作业中危害人类健康的因素，进而提高人们的工作质量。例如，从20世纪40年代开始，接触放射性材料的各种工作都已由遥控机械手和机器人去做了。喷漆、化工或其他多粉尘工作环境的有毒作业，虽不像放射性危害那么明显，但也同样会造成一些严重的问题。如一家石棉制品厂，人们吸入在显微镜下才看得见的石棉微粒，会导致严重的肺病。这家公司花了一百多万美元，在一个又高又大的厂房内安装通风设备，改善工作条件，以期达到"职业安全和健康管理标准"的要求。但是，也许最好的解决办法是在一个封闭的车间内采用机器人工作，100万美元足以购置很多机器人了。

☆硬件和动力源

再一个重要考虑是机器人硬件、软件和动力源的类型。机器人的机械手可根据应用的需要灵活设

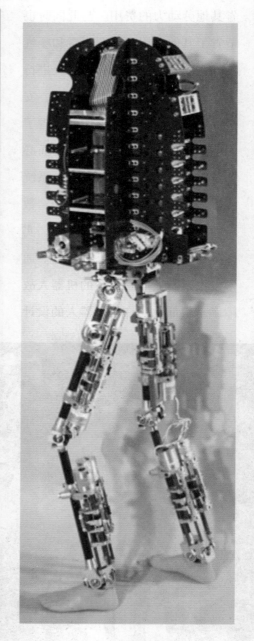

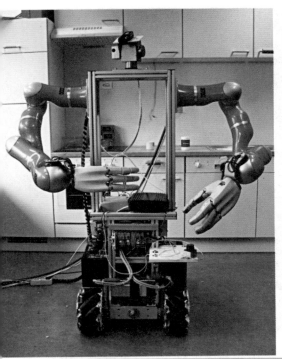

计，大多数工业机器人的机械手坐标数为2～6个。广泛应用的四种机器人是根据机械手的几何形态划分的，即直角坐标式、柱坐标式、球坐标式和关节式。每种不同的应用都要求设计一个终端执行器来完成确定的任务，有卡爪钻头、磁力吸盘、喷枪、焊枪或其他类型。尽管标准的焊枪、喷枪和卡爪对机器人很有用，有些特殊任务仍需使用者自己制造终端执行器。

机器人动力源可以是液压、气动或电动的。液压机一般适用于搬

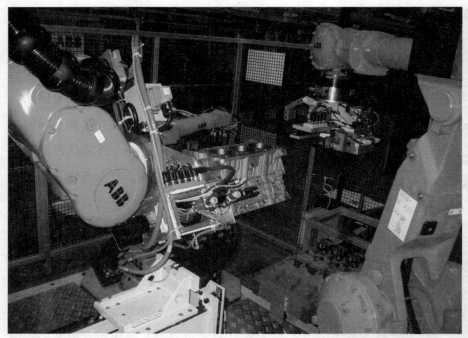

运较重的材料，以及要求灵巧并有复位要求的场合；气动机器人更为适用于载运较轻材料而又要求快速运动的场合；只要有效负载不是过大，电动机器人也可以达到很高的重复定位精度。

☆计算机软件

另一个考虑是计算机软件。控制软件与机器人控制系统通常由制造商一起提供，但使机器人在工厂中和其他机器人、设备协调工作的控制软件，却需要使用者自己编制。软件的复杂性和价格，与机器人系统的应用情况有关。最简单的软件可以是一个机器人单元的控制软件，最复杂的软件则可能是包括整个机器人通讯系统接口和计算机分层控制的软件包。无论是伺服还是非伺服控制，需要的软件类型也受机器人操作类型的影响。伺服机器人完成点到点、连续路径和可控

路径的操作，非伺服机器人仅限于简单的材料搬运和传送的操作。今天生产和适用的多数机器人都属于伺服类。

☆适用的范围

使用者还需考虑哪些应用是机器人最适用的。机器人应用最广泛的领域有：点焊、弧焊、货运集装、货物集散、冲压、上下料、钻孔、喷漆、夹持传送热工件、装配、机床工件装卸、注塑、压模铸造、蜡模造型及铸造、去毛刺、磨削、铣削、胶粘，持取搬运有毒、危险、笨重物品等。这些方面并不完全，但都是实践证明行之有效的应用领域。无论是大型或小型的工艺操作，还是长期稳定和小批量的生产，使用机器人都是有利的。无论是在单一工作单元中，还是在

与其他设备联结的集成应用系统中，机器人都可以独立工作。在对机器人应用的好处进行估计的基础上，人们一般都会得出比较一致的认识，即：使用机器人是大有好处的。

采用机器人去完成那些环境恶更值得才行。在这种情况下，就必须进行细致的经济分析，且要考虑以下几个因素：偿还周期、本金回收、现金流通分析、课税优惠、设备折旧、公司税利等等。我们相信，对很多行业、企业来说，使用机器人来工作，将是更为优惠的。

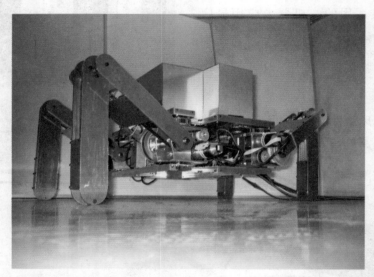

劣而人们不想去干的工作，如在噪音、高温及有毒气体的环境中，快速单调地提举、装卸重物的工作，很难评价其经济效益，但却含有意义深远的人道主义价值。因为现在许多工作还是由人来做的，如准备用机器人代替，就应该在经济上当然，随着机器人工业的发展，机器人的适用范围将越来越大，机器人的价格将越来越接近大众的消费水平。因此，现在只有一部分的单位和个人买得起机器人，将来则会变成大部分单位和个人买得起机器人，并且认为这是值得的。

机器人的影响

☆开辟新工业

随着劳动力价格的增长，机器人正在变得更经济实用，而机器人的价格也会逐渐下降。因此，会有越来越多的人对机器人产生兴趣。机器人不仅可以承担一些老式工作，而且将开拓出一个全新的工作领域，产生一些新型工业。这些新型工业将生产与机器人应用有关的产品，如新型传送带、终端执行器、图象系统、置位设备和运输机械，也直接生产机器人和机器人部件。计算机和机器人将开辟的新工作包括软件专家、仿真设计师、计算机程序员、机器人训练师、人工智能工程师和科学家、自动工厂的安全专家、教育家和职业顾问、人机对话专家、雇员关系顾问和训练

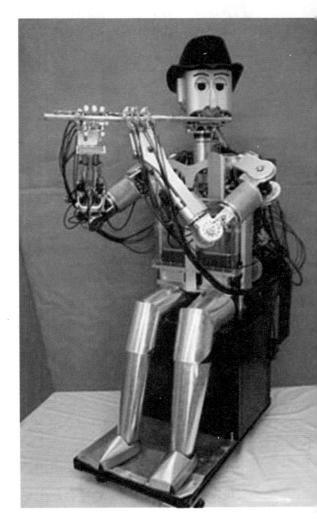

师以及在机器人的销售、市场、安

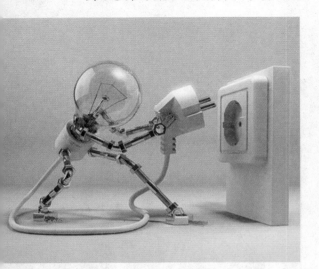

装、控制、维修和教育方面的大量工作。同时，机械师、机器装料工、喷漆工、焊工、包装工、柠檬挑选工和仓库保管员等工作将逐渐消失。受机器人影响最大的是这些工厂中的手工劳动者，像打字员、图书馆员、银行雇员、电话员和绘图员等"白领"工作人员也将逐渐减少。

☆教育和训练

随着越来越多的机器人应用，机器人现代自动化将对社会产生更大的影响，其中最重要的影响之一是教育和训练。

很多人可能认为，机器人工作起来不需要人的配合。其实，情况并非如此。机器人是机器，与其他的机器有共同之处，就是它也需要人去设计、制造、编程、安装、检查故障、管理、维护和修理。每种工作都需要不同程度的技能和不同种类的知识。当前机器人生产领

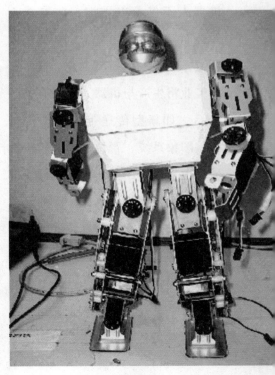

域需要很多合格的应用机器人工程师。在这样训练有素的工程师手里，机器人是个强有力的工具。而且，多数机器人用户都需要受过高级训练的人去设计和指导，购买了机器人也需要工程师去安装和使用。当然，在机器人被大量使用后，非工程技术人员也将有很多机会去接触机器人。事实上，一些机器人专家已经认识到，由于机器人广泛应用所派生的大多数工作，将由经过训练并具备当前机械师和计

算机程序员水平的技师去完成。

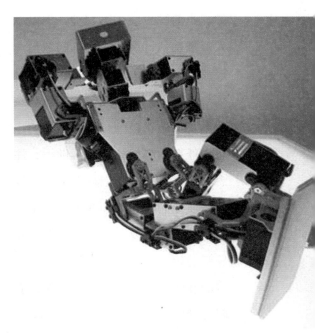

这些技师将成为工程师和使用者之间的桥梁，他们一边做一般的机器人的维护工作，另一边还可能需要承担很多原本应由工程师完成的任务。所以，很多机器人学专家反复强调需要培训方案，为这些新工作准备充足的劳动力。

但是，往往很难确定需要何种训练和需要多少技师。因此，工业界和教育界必须很好地合作，以

人类未来的仆人

机器人

缩小训练和现有工作的不协调。例如，当前缺少应用工程师，但没有人能准确估计所需工程师的数量。机器人学和有关的工业技术部门必须与教育部门密切配合，既防止技师不足又防止技师过剩。学生们也有责任在教师的指导和帮助下，注意职业需求，并相应调整他们的课程，使他们的技能和知识能满足毕业后的工作需要。因此，教育者和导师必须了解机器人对就业需求造成的和将要造成的影响。现在，有些大学已经在工程院系中设置了机器人课程，有的两年制专科也设置了一个完整的持续两年的机器人学

课程。几乎所有的工程学科都对机器人及其应用产生了浓厚的兴趣，很多其他学科也开始对此发生兴趣。同时，社会上也认识到要为商学院中那些将成为管理者和计划

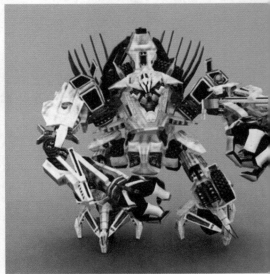

者的人开设机器人和生产方面的课程。美国一些主要的机器人生产商，都制订了措施，帮助四年制大学筹建教学设施，如捐赠机器人给大学做研究或生产廉价的教学设备。这些能给学生提供亲自实践以完善理论的做法是很有价值的，让应用工程师具备使用实际机器人的经验也是很有必要的。除了实施教育方案外，机器人生产商自己也开设了一些机器人方面的入门性课程，特别是开设使用和维护机器人系统方面的课程。虽然这些课程收费昂贵，工厂一般并非理想的教室，授课教师也未必是接受过教育专业训

练的，但这一切都说明了机器人对教育和训练的影响之大。

☆提供新工作

另外，机器人对就业也产生了影响。威斯特于1983年将失业定义为"工人不情愿的空闲"。失业分短期失业和永久性失业。有调查表明，采用先进技术所派生的新工作要比失去的工作多。如果新工作

问题。但由于各种原因，一些工人可能不愿重新训练以适应一种新工作，他们也可能怨恨这些使他们失去旧工作的机器。即使如此，一些工业如汽车工业还是感到压力很大，他们必须应用现代技术使生产过程自动化，以保持其在国际市场上的竞争力。因此，他们在机器人的问题上常常是没有选择余地的。一些美国公司由于竞争不过一些国家的产品，失去了很多本国市场。其中有的是大量使用机器人的

要求新技术，人就必须接受重新训练，以避免在那些应用机器人的工业中经常更换工人的事情出现。事实已经表明，机器人对社会产生的最重要的影响就是必须重新训练许多人去做他们所不熟悉的新工作。

开始时，这种训练可能还不成

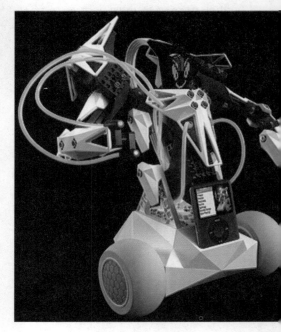

国家，如日本（据RIA统计，日本1982年有32 000台机器人，而美国只有6300台）。

适于人类的工作是无限的，从医学上治愈癌症到理想的家庭生活，为实现每一个领域生活水平的进步都是必要的，然而可提供使用

完成这样无限的工作的资源却是有限的。所以，合理地掌握和使用这些资源，对我们的子孙后代是至关重要的。最宝贵的资源之一是人的创造性，不应将它浪费在可以用机器去做的事情上。但这并不是说小型个体工商业不是我们社会的组成

部分。手艺和技巧仍是人的思想、技能和创造性的重要表现，而且这些手工艺品也总是需要的。当已经拥有优质的机器，且我们主要依靠大量生产商品来满足市场需要时，就应当且必须尽力利用人和机器这两类资源与别国竞争。

《机器人时代》曾推算，一个机器人可代替两个工人进行工作。

维护、操作、编程、管理和修理机器人。在美国，失业问题并不是由于机器人引起的。恰恰相反，正是由于自动化不足才导致生产率降低，产值下降。1982年失业问题有所缓和，而这一年却有近6300台工业机器人投入使用。但在很少使用机器人的某些年头里，失业却成为一个严重的问题。

全部就业是最理想的情况，却也是个极限。例如"充分就业"通常意味着有3％或4％的劳动力失去工作。由于有工人迁移、请假或正在调动工作，这个小小的数字是可以容忍的，也是不可避免的。然而由于经济体制的某些变化，"充分

1990年，10万台机器人代替了20万个工人，其中有90％的工人转到其他应用工业中去，5％的工人退休，只有5％的工人面临永远失业的危险。然而，这5％的工人也可以转到那些由于机器人兴旺发达而派生出来的新工作中去。如前所述，需要相当数量的机器人应用工程师、机器人技师以及操作人员去

他们在本部门内获得新的工作岗位。

总之，把机器人引进经济体系，将会产生许多新的工作，以弥补那些从人手中消失了的旧工作。技术进步造成生产率的增长，也将因此给人们提供更多的就业机会。

随着社会的不断发展，各行各业的分工越来越明细，尤其是在现

就业"或许有可能意味着6%或7%的劳动力失去工作。例如8000万个劳动力中将有600万人无工作。其中一半是那些因现代自动化而失去旧工作，正在接受重新训练以接受新工作的人，这就减轻了由于经济结构变化而产生的失业压力，即解决了技能和工作不协调的矛盾。一些专家预言：由于技术进步如此迅速地改变着对技能的要求，多数工人必须经常性地接受周期性的重新训练教育，以胜任他们当前的工作。最切实可行的方法，是训练那些被机器人替换下来的工人，使

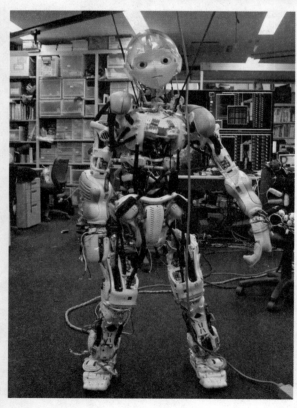

代化的大产业中，有的人每天就只管拧一批产品的同一个部位上的一个螺母，有的人整天就是接一个线头，就像电影《摩登时代》中演示的那样。人们感到自己在不断异化，各种职业病逐渐产生，于是人们强烈希望用某种机器代替自己工作。因此，人们研制出了机器人，用以代替人们去完成那些单调、枯燥或是危险的工作。但由于机器人的问世，一部分工人失去了原来的工作，于是就有人对机器人产生了敌意。

"机器人上岗，人将下岗。"

不仅在我国，一些如美国的发达国家中也有人持这种观念。其实这种担心完全是多余的，因为先进的机器设备会提高劳动生产率和产品质量，创造出更多的社会财富，也就必然会提供更多的就业机会，这也是已经被人类生产发展史所证明了的。任何事物都有其两面性，任何新事物的出现都有利有弊，只不过有些事利大于弊，所以很快就得到了人们的认可。比如汽车，它的出现不仅夺了一部分人力车夫、挑夫的生意，还常常出车祸，给人类生命财产带来威胁。但虽然汽车有这些弊端，它还是成了人们日常生活中必不可少的交通工具。英国一位著名的政治家针对关于工业机器人这一问题曾说过这样一段话：

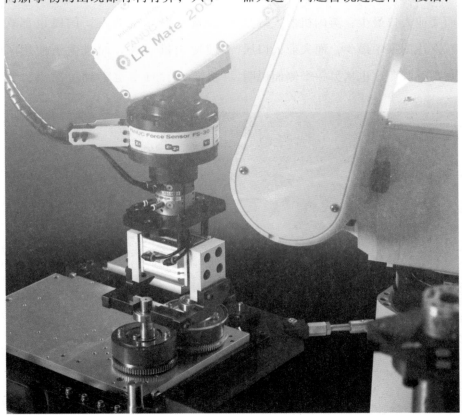

了机器人不会跟人抢饭碗的事实。

美国是机器人的发源地，但它对机器人的拥有量远远少于日本，其中部分原因就是因为美国有些工人不欢迎机器人，从而抑制了机器人的发展。日本之所以能迅速成为机器人大国，原因是多方面的。但其中很重要的一条就是当时日本劳动力短缺，政府和企业都希望发展机器人，国民也都欢迎使用机器人。而且由于使用了机器人，日本也尝到了甜头，它

"日本机器人的数量居世界首位，而失业人口最少；英国机器人数量在发达国家中最少，而失业人口居高不下。"这也从另一个侧面说明

关技术可能成为一种与国家政治有关的东西。很多不同的组织在关于应该如何推销、生产、利用和控制机器人问题上各持己见，这也毫无疑问将成为未来的话题。工业机器人是生产资料，即它们是为了增加老板收入而销售的机器。一些个人、集体、外国股东或政府都可能是机器人的现在的或潜在的股东、拥有者，机器人将成为很多个人或公司的私有财产。这对社会将产生相当大的影响。例如，机器人有可能使很多人失去原来的工作，那

的汽车、电子工业迅速崛起，很快占领了世界市场。从现在世界工业发展的潮流来看，发展机器人仍将是一条必经之路。没有机器人，人就将变为机器；而有了机器人，人将变成主人。

在不同的组织和国家，机器人所具有的特殊专长和能力及其有

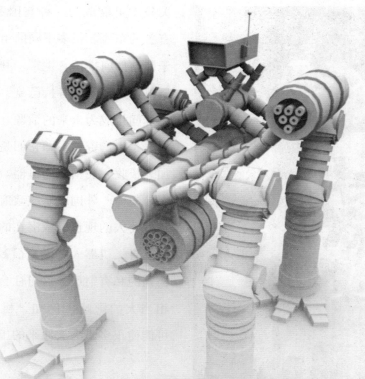

么就要实施一些政策，以防发生失业。如在工作场地使用机器人可能危及安全，那么在人受到伤害之前，就必须制订必要的措施。机器人学的研究应当能达到改善工人的工作条件，增加工人工资，提供更多职业的目的。

有关研究表明，机器人将提供防止或减慢生产率下降、使生产率重新回升的方法。生产率的增长意味着工资和就业的增加，也意味着减少人们因在不理想的环境中工作而带来的不利后果。另外，如果不能赢得世界范围内的工业现代化竞争，将导致大量工人失业。只有使用机器人，赢得国际竞争的胜利，经济条件好转，才会降低失业率。在广泛研究机器人对失业的影响时，切不可掉以轻心，这样才能制订出经过深思熟虑的具有远见的决策。这些政策将改变教育训练方式、扩大专业训练、提高人们的技能，以便当机器人取代人们的工作时，人们可以转向新的工作。而且，这些政策应该在企业家和研究人员之间开展更深的合作，以便更多地或更有效地利用新技术。

从对劳动力、工作、生活水平和工作质量所具有的潜在影响上看，与计算机相比，机器人毫不逊色。虽然当前已启用的机器人数量相对还不算多，但随着投资和研究积极性的提高和技术的进步，预计今后机器人在这个领域的实践活动将大大增加。

机器人和人之间并不存在固有的矛盾，生产率也并不是人与机器斗争的结果。一般人们完全能够理

解，生产率增长缓慢意味着什么，而机器人和自动化生产发展又是如何促进这个增长的。我们要时常想到，使用机器人的目的完全是为了帮助人类而不是为了伤害人类。换句话说，没有一个科学家和企业主会有意削减那些努力工作的人们的工作和收入。有时，新机器也使人担忧，它常常会使很多人的谋生手段产生巨大的变化。例如，汽车的发明实际上完全代替了马的工作，导致很多铁匠、钉马掌工人、饲马员失去了工作。但这并非一夜间发生的，在此之前，它经历了几十年的漫长风雨。当汽车变得越来越多并且人们

都能买得起时，马也已经逐渐衰老死掉，不能再为人类服务了。这时马的主人不会再去买马，而是用汽车代替了马。铁匠和钉掌工人理解了交通运输的这个巨大变化，他们的子女也都学会了做其他工作。被机器人取代的工人中，只有极少数人是面临真正的失业。机器人还可以填补由于工人自然淘汰，如退休、残废、死亡或迁移所留下的空额。使用机器人直接的或间接的结果是几乎没有人真正面临失业的困境，如果再辅以周密的计划，甚至能不造成任何人失业。